新课标文库——青少年经典大阅读

昆虫记

孟宪明 主编
[法] 法布尔 著
陈筱卿 译

中原出版传媒集团
中原传媒股份公司
海燕出版社

图书在版编目（CIP）数据

昆虫记 /（法）法布尔著；陈筱卿译 . —郑州：
海燕出版社，2019.5
（新课标文库：青少年经典大阅读 / 孟宪明主编）
ISBN 978-7-5350-7882-7

Ⅰ . ①昆… Ⅱ . ①法… ②陈… Ⅲ . ①昆虫学 -
普及读物 Ⅳ . ① Q96-49

中国版本图书馆 CIP 数据核字（2019）第 048128 号

本丛书主要编写人员：
李哲峰　高级教师，首都师范大学国学教育学院特聘教育专家
熊纪涛　高级教师，华中师范大学特聘研究员
李记才　一级教师，河南省中考试题研究、命题专家
黎　军　高级教师，陕西省作家协会会员
张贵斌　高级教师，全国优秀教师

策　　划：李道魁
责任编辑：李　强
责任校对：李田田　张伟怡

出版发行：海燕出版社
（郑州市郑东新区祥盛街 27 号　邮政编码 450016）
发行热线：400 659 7013
经　　销：全国新华书店
印　　刷：河南瑞之光印刷股份有限公司
开　　本：16 开（787 毫米 ×1092 毫米）
印　　张：13.5
字　　数：200 千
版　　次：2019 年 5 月第 1 版
印　　次：2019 年 5 月第 1 次印刷
定　　价：28.00 元

编者序

会响的影子

孟宪明

一

幽深无边的暗夜里猛地一道炫目的闪电，一下子照彻了整个天空。紧跟在那道闪电之后，一声振聋发聩的吼叫兜头而降，把我们全都吓得一愣。不陌生，很可能你在某一个溽热烦闷的夏夜遇到过此种情景。当这道闪电刺破八千年前的夜空，在远古祖先的头上轰然炸响的时候，比我们今天的震惊还要震惊。

人的影子在白天。人的影子是黑色的。当白色的影子把无边的暗夜亮成瞬间的白昼之际，那一定是神在悄悄地走过。

人的影子了无声息。

神的影子振聋发聩。

远古的祖先霍然开悟，一个振聋发聩的词语猛然爆出：

影响

影响者，影子会响也。

或曰：会响的影子是也！

一个“影响”到今天，轰轰然千古而不息。

二

人影不响。神影惊世。先哲们从一次一次的顿悟中发现，人亦有神。人即为神。神在人心中。这种神，即是人的精神，思想，意识，心理，甚至梦境。顿悟后的先哲们夜夜失眠，从满头青丝到白发萎地，转眼而成一个个陶罐般颓然而思的头颅。结绳子，刻符号，画图画……废寝忘食，殚精竭虑，他们想捕捉自己的影子，想把自己影子的响声传给后代无助的子孙。又过了几千年，一个绝世的英雄横空而出，他有四只眼睛，能看穿茫茫烟云和滚滚尘世间的万千秘密。他叫仓颉。

天雨粟。鬼夜哭。

人影从此轰然有声。

影响，再不为神所独有！

三

长发飘飞，青牛复踏，幽深又幽深着的，那是《老子》；

濮水长钓，飘渺浩荡，寓言又寓言着的，那是《庄子》；

周游天下，砥砺苍生，宽阔复宽阔着的，那是孔子；

雄辩环宇，启迪百代，不朽又不朽着的，那是《孟子》……

汉代的风骨。

唐代的伟岸。

宋代的儒雅。

元代的剽悍……

从汉赋，从唐诗，从宋词，从元人歌哭长啸、感天动地的杂剧里，辉煌着，闪亮着，缠绵着，沿无边的虚空向着高远无际的蓝天扶摇而起……

先哲们的精神凝结为一道道无声的闪电，深藏于一页页细密的文字丛林。当你有意或者无意间轻触册页，或莲花如云，或战马如虎，或血雨腥风，或明月清泉，或幽思如曲折之径，或雄辩如激射之电……叹息之，感慨之，醒悟之，浩歌之，泪眼之，奔突之……

长天万里。大河浩荡。先人的魂灵鲜艳复活，丈量着万里神州的每一寸土地，抚慰着百代子孙的每一颗心灵。

四

读书吧!

读书是聆听神谕，接通时空。

读书是自我超越的轻松修炼。是用神的眼光看人、用鸟的眼光看待兽类。

读书要趁早!

黄口稚儿。书声琅琅。三更明月。晨风霞光。

千载之上的先人的知识，智慧，思索，美感以及灵魂的呻吟和情感的幽扰，皆是他们真情的嘱托。

万里之遥的远人的著作，哲学的，文学的，科学的……孤凄的人生之旅和艰难的不屈探索，都是他们馈赠的宝藏。

书中有风云。

书中有世界。

丰沛与崇高，勇武与美好，痛快与痛苦，歌吟与嚎叫……书中有我们每一个活着的人需要的所有的苛求和养料……

五

“新课标文库——青少年经典大阅读”丛书是经众多专家精选而出的优秀之作，值此出版之际，我深表祝贺并真诚推荐。愿您有福能享受它美妙的旋律和华丽的神采!

己亥年三月初一於豫州蛟龙窟混沌斋。时届清明，思念如云涌山积。阳光静好。娘正微笑着看我工作。

附：孟宪明读书小语

第一：

房前小桥流水，

屋后翠云如屏。

左有田畴高低，

右有花圃浓淡。

好书如同华筑，

可以卜居终生。

第二：

良师不可常有。书足矣！

高朋不可常有。书足矣！

华居不可常有。书足矣！

美景不可常有。书足矣！

视通千里，思接百代，开胸启智，延生长命，书功至巨矣！

第三：

与圣贤居，与良师游，与才子宴，与佳人会，皆书之约也。

第四：

墨香满屋，寂无声息。世界之静，莫静于书。

册页轻启，振聋发聩。世界之响，莫响于书。

导 读

与昆虫美丽相约

张贵斌

夏天的知了、秋天的蟋蟀、整日忙碌的蚂蚁，它们的家是什么样的，你见过吗？这些小不点儿跟我们一起生活在这个世界上，和我们一样有家、有伙伴，要吃喝、要睡觉，从小长到大，它们还有一些“特异功能”，我们人类只有佩服的份儿！想了解这些昆虫，揭秘它们的生活吗？那就快快打开法国昆虫学家法布尔写的《昆虫记》吧！这是一本不可多得的描述昆虫的种类、特征、习性、食性和婚习的昆虫学巨著！阅读书中引人入胜的精彩内容，你不仅能得到关于昆虫的知识，感受观察研究昆虫的无限趣味，还能从昆虫身上领悟到生活的哲理，这可是个文学宝库啊！

法布尔跟别的昆虫学家使用的研究方法不一样，他不是把昆虫抓到实验室里通过解剖、制成标本进行观察，而是到野外，到昆虫们生活的地方进行几个月、几年的观察，所以他对昆虫们就像对自己的孩子一样熟悉、关爱。他把昆虫脚爪的抖动、触角的转动、翅膀的轻颤描写得细致入微，带领我们进入了一个微观的世界。法布尔时刻秉承“准确记述观察到的事实，既不添加什么，也不忽略什么”的理念，用散文的写作形式，真实而朴素地再现了一个活生生的昆虫世界。书中的每一章都详细、深刻地描写了一种或几种昆虫的生活：蜘蛛、蜜蜂、螳螂、蝉、甲虫、蟋蟀等。字里行间，我们仿佛又走进了富含情趣的自然，又回到了如诗如梦的童年，仿佛又看到了萤火虫小心翼翼地捕食，红蚂蚁捕食猎物的方法，孔雀蛾天鹅绒一般的衣衫，红蚂蚁不屈不挠地回巢和避险……

在这本书里你会遇见其貌不扬的“昆虫猎人”。萤火虫给我们的印象，多半是温柔的，它精致而小巧的身体会发光，神奇美丽，然而，就是这样一个外表柔弱的家伙，其实却是一个手段颇为高明的猎人。它会用一件钩子似的兵器将毒液注入蜗牛的身体里，将蜗牛的肉质转化为汤汁，这样它就可以无须顾虑柔软的牙口而大快朵颐了。披有绿色外套的螳螂很优雅，然而双掌（指螳螂的前臂）合十貌似祈祷的动作，是它要进攻的前奏。一旦有小昆虫靠近，它就会毫不留情地将它们置于自己的前臂之下，然后迅速地将猎物肢解。蝈蝈在捕捉猎物时更狂妄。每当夜深人静的时候，几秒钟之前还在欢快唱歌的蝉，忽然间就会断了歌声，继而发出凄惨的哀号。没错，那正是蝈蝈在扑食蝉。面对比自己个头大很多的蝉，蝈蝈并没有忌惮，而是直接死死地咬住它，继而开膛破肚。

在这本书里你能感受到昆虫母亲的慈爱。别以为昆虫都很残暴，有的昆虫对孩子的爱实在细腻。膜翅目昆虫在搭窝筑巢、维护家庭方面非常值得让人赞赏，它们尽其所能为自己的子孙后代觅食谋屋。有的会变身泥瓦匠，建造水泥房间、砖石屋顶；有的变身为陶瓷行家，用黏土制作高档的尖底瓮、坛罐和大肚瓶；有的擅长挖掘，在湿热的地下建造神秘的地宫。房屋建好后，昆虫母亲便开始准备将来的食物：一堆堆的蜜，一块块的花粉糕，精心制作的野味罐头……这些工作的辛苦程度完全不亚于现在的父母为自己的子女买房谋工作。

作者将这些昆虫的生活写成了一个个趣味十足的精彩故事，又将这些故事组成了一部多层次描写、有全方位价值的鸿篇巨制，实属难得。

我们阅读时，可以先浏览一下目录，对整本书有个大致的了解，然后可以按顺序读，也可以挑自己喜欢的章节读。阅读时，你要把自己当成法布尔，或者像他一样趴在草丛、灌木丛中观察，体验一下科学家研究的乐趣，这样你会更容易、更深刻地理解书中的内容。有些昆虫是平时常见的，阅读时你可以先想想：你观察到的是什么样的，你都了解它的哪些习性？然后再去读，会收获更多哦！有兴趣的话，还可以再去观察观察，看看是不是作者介绍的那样。法布尔描写昆虫时语言生动活泼，语调轻松诙谐，你可以仔细地品味，感受生命之美，体会法布尔对生命的关爱和尊重之情，对自然万物的赞美之情。

目 录

CONTENTS

荒石园

那儿是我情有独钟的地方，是一块不算太大的地方，是我的“钟情宝地”。它的周围有围墙围着，与公路上的熙熙攘攘、喧闹沸扬相隔绝。那儿虽说是偏僻荒芜的不毛之地，无人问津，又遭日头暴晒，但却是刺茎菊科植物和膜翅目昆虫所喜爱的地方。因无人问津，我便可以不受过往行人的打扰，在那里专心致志地对砂泥蜂和石泥蜂等进行艰难的探索。这种探索难度极大，只有通过实验才能完成。在那里我无须分心劳神东寻西觅，无须耗费时间慌忙地赶来赶去，我只消安排好自己的周密计划，细心地设置下陷阱，然后，每天不断地观察记录所获得的结果。是的，一块“钟情宝地”，这就是我的夙愿，我的梦想，这就是我一直苦苦追求但每每难以实现的一个梦想。

一个每天都在为生计操劳的人，想要在旷野之中为自己准备一个实验室，实属不易。我四十年如一日，凭借自己顽强的意志力，与贫困潦倒的生活苦斗着，终于，有一天，我的心愿得到了满足。这是我孜孜不倦、顽强奋斗的结果，其中的艰苦繁难我在此就不赘述了，反正我的实验室算是有了。尽管它的条件并不十分理想，但是，有了它，我就必须拿出点儿时间来侍弄它。其实，我如同一个苦役犯，身上总戴着沉重的锁链，我的闲暇时间并不太多。但是，愿望实现了总是好事，只是稍嫌迟了一些，我可爱的小虫子们！我真害怕，到了采摘梨桃等瓜果之时，我的牙却啃不动它们了。是的，确实是来得晚了点儿：当初那广阔的旷野而今已变成了低矮的穹庐，令人窒息憋闷，而且还在日益地变低变矮、变窄变小。对于往事，除了我已失去的东西以外，我并无丝毫的遗憾，甚至对我那消逝而去的光阴也毫不愧疚，而且我对一切都已不再抱有希望。我已遍尝世态炎凉，体味甚深；我已心力交瘁，心灰意懒。我每每禁不住要问问自己，为了活命而吃尽苦头是否值得？我此时此刻的心情就是这样。

我放眼四周，触目皆为废墟，唯有一堵断墙危立其间。这个断墙因为是用石灰砂泥浇筑，所以仍然兀立在废墟的中央。它就是我对科学真理的执着追求与热爱的真实写照。啊，我心灵手巧的膜翅目昆虫，我这份热爱能否让我有资格给你们的故事追加一些描述？我会不会心有余而力不足？我既然心存这份担忧，为何又把你们抛弃了这么长时间呢？有一些朋友已经因此而责备我了。啊，请你们去告诉他们，告诉那些既是你们的也是我的朋友们，告诉他们我并不是因为懒惰和健忘才抛弃你们的；告诉他们我一直惦记着你们；告诉他们我始终深信节腹泥蜂的秘密洞穴中还有许多尚待我们去探索的有趣的秘密；告诉他们飞蝗泥蜂的猎食活动还会向我们提供许多有趣的故事……然而，我缺少时间，又是单枪匹马、孤立无援、无人理睬，何况，我在高谈阔论之前必须先考虑生计问题。我请你们就这么如实地告诉他们吧，他们会原谅我的。

还有一些人在指责我，说我用词欠妥，不够严谨，说穿了，就是缺少书卷气，没有学究味儿。他们担心，一部作品让读者读起来容易，不费脑子，那么，该作品就没能表达出真理来。照他们的说法，只有写得晦涩难懂、让人摸不着头脑，那作品才是思想深刻的。你们这些身上或长着螯针或披着鞘翅的朋友，你们全都过来吧，来替我辩白，替我做证。请你们站出来说一说，我与你们的关系是多么亲密，我是多么耐心细致地观察你们，多么认真严肃地记录下你们的活动。我相信，你们会异口同声地说：“是的，他写的东西没有丝毫言之无物的套话，没有丝毫不懂装懂、不求甚解的胡诌瞎扯，有的只是准确无误地记录下来的、观察到的真实情况，既未胡乱添加，也未挂一漏万。”今后，但凡有人问到你们，请你们就这么回答他们吧。

另外，我亲爱的昆虫朋友们，如果因为我对你们的描述没能让人生厌，因而说服不了那帮嗓门儿很大的人，那么我会挺身而出，郑重地告诉他们：“你们对待昆虫是开肠破肚，而我是让它们活蹦乱跳地生活着，对它们进行观察研究；你们把它们变成了又可怕又可怜的东西，而我是让人们更加喜爱它们；你们是在酷刑室和碎尸间里干活儿，而我却是在蔚蓝色的天空下，一边听着蝉儿欢快地鸣唱，一边仔细地观察着；你们是使用试剂测试蜂房和原生质，而我是在它们各种本能得以充分表现时探究它们；你们探索的是死，而我探究的则是生。因此，我完全有资格进一步表明我的思想：野猪把清泉搅浑了；原本是青年人一种非常好的专业——博物史，因越分越细，相互隔绝，互不关联，竟至成了一种令人心生厌恶、不愿涉猎的东西。诚然，我是在为学者们而写，是在为将来有一天或多或少地为解决‘本能’这一难题做点儿贡献的哲学家们而写，但是，我也是在，尤其是在为青年人而写，我真切地希望他们能热爱这门被你们弄得让人恶心的博物史专业。这就是我竭力坚持真实第一，一丝不苟，绝不采用你们的那种科学性的文学的缘故。你们那种科学性的文字，说实在的，好像是从休伦人①所使用的土语中借来的，这种情况并不鲜见。”

然而，此时此刻，我并不想做这些事。我想说的是我长期以来一直魂牵梦萦着的那块计划之中的土地，我一心想着把它变成一座活的昆虫实验室。这块地，我终于在一个荒僻的小村子里寻觅到了。这块地被当地人称为“阿尔玛”，意为“一块除了百里香②恣意生长，几乎没有其他植物的荒芜之地”。这块地极其贫瘠、满地乱石，即使辛勤耕耘，也难见成效。春季来临，偶尔带来点儿雨水，乱石堆中也会长出一点儿草来，随即引来羊群的光顾。不过，我的阿尔玛，由于乱石之间仍夹杂着一点儿红土，所以还是长过一些作物的，据说，从前那儿就长着一些葡萄。的确，为了种上几棵树，我就在地上挖来刨去，偶尔会挖到一些因时间太久而已部分炭

---

① 休伦人：17 世纪时的北美洲印第安人中的一支。

② 百里香：多年生唇形科草本植物，自古以来就被用作香料和药物使用。

化的实属珍稀的乔木的根茎。于是，我用唯一可以刨得动这种荒地的农用三齿长柄叉又刨又挖。然而，我每每都会感到十分遗憾，据说最早种植的葡萄树没有了，百里香、薰衣草也没有了，一簇簇的胭脂虫栎也见不着了。这种矮小的胭脂虫栎本可以长成一片矮树林，它们确实长不高，只要稍微抬高腿，就可以从它们上面迈过去。这些植物，尤其是百里香和薰衣草，能够为膜翅目昆虫提供它们所需要采集的东西，所以对我十分有用，我不得不把用我的农用三齿长柄叉偶尔刨出来的东西又栽了回去。

在这儿大量存在着而又无须我去亲手侍弄的，是那些最初随着风吹的土粒而来，而后又长年积存繁衍下来的植物。最主要的是犬齿草，那是一种十分讨厌的禾本植物[①]，三年炮火连天、硝烟弥漫的战争都没能让它们灭绝，真是“野火烧不尽，春风吹又生”。数量上占第二位的是矢车菊[②]，全都是一副桀骜不驯的样子，浑身长满了刺，其中又可分为两至生矢车菊、蒺藜矢车菊、丘陵矢车菊、苦涩矢车菊，而尤以两至生矢车菊数量最多。各种各样的矢车菊相互交织，彼此纠缠，乱糟糟地簇拥在一起，其中可见一种菊科植物形同枝形大烛台似的支棱着，凶相毕露，被称为西班牙刺柊，其枝杈末梢长着很大的橘红色花朵，如同火焰一般，而其刺茎硬如铁钉。长得比西班牙刺柊还高的是伊利里亚大翅蓟，它的茎孤零零地“独立寒秋”，笔直硬挺，高达一两米，枝头长着一个硕大的紫红色绒球，它身上所佩带的利器与西班牙刺柊相比，毫不逊色。也别忘了，还有刺茎菊科类植物。首先必须提到的是恶蓟，它浑身带刺，致使采集者无从下手；第二种是披针蓟，阔叶，叶片顶部是梭镖状的硬尖儿；最后是越长颜色越黑的染黑蓟，这种植物集缩成一团，状如插满针刺的玫瑰花结。这些蓟类植物之间的空地上，爬着荆棘的新枝丫，结着淡蓝色的果实，枝条长长的，像带刺的绳子。如果想要在这杂乱丛生的荆棘中观察膜翅目昆虫采蜜，就

① 禾本植物：禾本科植物总称，包括多种被称作“某某草”的植物和如玉米、水稻、小麦等许多重要的粮食作物。此外，竹子也是禾本植物。

② 矢车菊：菊科草本植物，原产于欧洲，是良好的蜜源植物，能吸引蜜蜂等各种昆虫。

得穿上半高筒长靴，否则腿肚子就会被划得满是血丝，又痒又疼。当土壤还存有春雨所能给予的水分，墒情尚可时，角锥般的刺柊和大翅蓟细长的新枝丫便会从这块由两至生矢车菊的黄色头状花序铺就的“地毯”上生长出来。这时候，在这样荒凉贫瘠的艰苦环境下，这种极具顽强生命力的荆棘必定会展现出它们的某种娇媚之姿。四下里矗立着一座座的狼牙棒似的金字塔，伊利里亚大翅蓟投出它那笔直的标枪来。但是，等到干旱的夏日来临时，这儿呈现的是一片枯枝败叶的景象，只要划根火柴，就会点着整块土地。这就是我意欲从此永远与我的昆虫们亲密无间地生活的美丽迷人的伊甸园。或者，更确切地说，我一开始拥有这片园子时，它就是这样一座荒石园。经过四十年的艰苦努力、顽强奋斗，我最终才获得了这块宝地。

我称它为美丽迷人的伊甸园，还是恰如其分的。这块没人看得上的荒地，可能没一个人会往上面撒一把萝卜籽儿，但是，对于膜翅目昆虫来说，它可是个天堂。荒地上那茁壮成长的刺蓟类植物和矢车菊，把周围的膜翅目昆虫全都吸引过来。我以前在野外捕捉昆虫时，从未遇到过任何一个地方像这个荒石园那样聚集着如此之多的昆虫。可以说，各种各样的膜翅目昆虫全都聚集到这里了。它们当中，有专以捕食活物为生的“捕猎者”，有以湿土造房的“筑窝者”，有梳理绒絮的“整理工”，有在花叶和花蕾中修剪材料备用的“备料工”，有以碎纸片建造纸板屋的“建筑师”，有搅拌泥土的“泥瓦工”，有为木头钻眼儿的“木工”，有在地下挖掘坑道的“矿工”，有加工羊肠薄膜的“技工”……还有不少做其他活儿的，我也记不清了。

这是个干什么的呀？原来是一只黄斑蜂。它在两至生矢车菊那蛛网状的茎上刮来刮去，刮出一个小绒球来，然后得意扬扬地把这个小绒球衔在大颚间，带到地下，制造一个棉絮袋子来装它的蜜和卵。那些你争我斗、互不相让的家伙是干什么的呀？那是一些切叶蜂，它们腹部下方有一个花粉刷，刷子颜色各异，有的呈黑色，有的呈白色，有的则是火红火红的。它们还要飞离蓟类植物丛，跑到附近的灌木丛中，从灌木的叶子上剪下一些椭圆形的小叶片，组装成容器，来装它们的收获物——花粉。你再看，那些一身黑绒衣服的都是干什么的呀？它们是石泥蜂，专门加工水泥和卵石。在荒石园中的石头上，我们可以很容易地看到它们所建造起来的房屋。那些突然飞起，左冲右突，大声嗡嗡的，是干什么的呀？它们是砂泥蜂，它们把家安在破旧墙壁和附近物体向阳的斜面上。

现在，我们看到的是壁蜂。它们有的在蜗牛空壳的螺旋壁上建造自己的窝；有的在忙着啄一段荆条，吸去其汁液，以便为自己的幼虫做一个圆柱形的房屋，而且，房屋内用隔板隔成一层一层的，俨然一幢楼房；有的还在设法将一根折断的芦苇的天然通道派上用场；还有的干脆乐享其成，免费使用高墙石蜂空闲着的走廊。让我们再来看看：那是大头蜂和长须蜂，其雄蜂都长着高高翘起的长触角；那是毛斑蜂，它的后爪上长着一个粗大的毛钳，是它的采蜜器官；那些是种类繁多的土蜂；此外，还有一些隧蜂，腰腹纤细。我就先这么简要地提一提，不一一赘述，否则我得把采花蜜的昆虫全都记录下来。我曾经把我新发现的昆虫呈送给波尔多[①]的昆虫学家佩雷教授。他问我是否有什么特别的捕捉方法，怎么会捕捉到这么多既稀罕而又全新的昆虫品种。我并不是什么捕捉昆虫的专家学者，更不是一心一意地在寻找昆虫、捕捉昆虫、制作标本的专家学者，我只是对研究昆虫的生活习性颇感兴趣的昆虫学爱好者。我所有的昆虫全都是我在长着茂密的蓟类植物和矢车菊的草地上捉到并喂养着的。

真是机缘巧合，与这个采集花蜜的大家庭在一起的还有一群群捕食采蜜者的猎食者。泥瓦匠们曾在我的荒石园中垒造园子围墙时，留下来不少的沙子和石头，在这儿那儿随意堆放着。由于工程进展缓慢，拖了又拖，这些一开始就运到荒石园来的建筑材料便这么放着。渐渐地，石蜂们选中石头之间的空隙过夜，一堆堆地挤在一起。粗壮的斑纹蜂遇到袭击时，会迎面扑来，不管侵袭者是人还是狗；它们往往选择洞穴较深的地方过夜，

① 波尔多：法国西南部的一个中心城市。

以防金龟子的侵袭。白袍黑翅的鹡鸰，宛如身着多明我会[①]服装的修士，栖息在最高的石头上，唱着它那并不动听的小曲短调。离鹡鸰所栖息的石头不远，必定有它的窝，大概就在某个石头堆中，窝内藏着它那些天蓝色的卵。不一会儿，这位“多明我会修士”便消失在石头堆中，不见了踪影。我对这种鹡鸰颇为怀念，却并不因那长耳斑纹蜂的消失而感到遗憾。

沙堆是另一类昆虫的幽居之所。泥蜂在那儿清扫门庭，用后腿把细沙往后蹬踢，形成一道道抛物线；朗格多克飞蝗泥蜂[②]用触角把无翅螽斯咬住，拖入洞中；大唇泥蜂正在把它的储备食物——叶蝉藏入窖中。让我心疼不已的是，泥瓦匠把那儿的猎手们全都撵走了，不过，一旦有这一天我想让它们回来的话，我只需再堆起一些沙堆，它们很快就会归来了。

居无定所的各种砂泥蜂倒是没有消失。我在春季可看见某些品种的砂泥蜂，在秋季又可看见另一些品种的砂泥蜂，它们在荒石园的小径和草地上，飞来飞去，寻找毛虫。各种蛛蜂也留在了园中，它们拍打着翅膀，警惕地飞行着，朝着隐蔽的角落，去捕捉蜘蛛。个头儿大的蛛蜂则窥伺着狼蛛[③]，而狼蛛的洞穴在荒石园中有的是。这种蜘蛛的洞穴呈竖井状，井口由禾本植物的茎秆内纵横交错的蛛丝做成的护栏保护着。往洞穴底部看去，大多数的狼蛛个头儿很大，眼睛闪闪发亮，让人看了直起鸡皮疙瘩。对于蛛蜂来说，捕捉这种猎物可是件非同小可的事啊！好吧，让我们观观战。

在盛夏午后的酷热之中，蚂蚁大队爬出了“兵营”，排成一个长蛇阵，到远处去捕捉“奴隶”。我们不妨忙里偷闲，随着这蚂蚁大军前行，看看它们是如何围捕猎物的吧。在一堆已经变成了腐殖质的杂草周围，只见一

---

① 多明我会：又称布道兄弟会，俗称黑衣兄弟会，会士均披黑色斗篷，是天主教四大托钵修会之一。

② 朗格多克飞蝗泥蜂：即朗格多克地区的一种飞蝗泥蜂。本书作者常用地区名＋昆虫名的方式称述该昆虫中的特定种类，如后文“纳博讷狼蛛”“朗格多克蝎”等。朗格多克是法国南部行政区，盛产优质葡萄酒。纳博讷是朗格多克大区中的一个城市。

③ 狼蛛：蛛形纲蜘蛛目中的一种，因善跑跳，性凶猛，像狼一样追捕猎物而得名。狼蛛毒性很大，能毒死麻雀甚至毒死一个人。后面将对其做详细介绍。

群长约一点五法寸[①]的土蜂正没精打采、懒洋洋地飞舞着。它们被金龟子、蛀犀金龟子和金匠花金龟子的幼虫吸引住了——那可是它们丰盛的美餐啊，所以便一头钻进那堆杂草中。

值得观察研究的对象简直太多太多了，这里提到的只是一部分而已！这座荒石园，人去楼空，房屋闲置，地也撂荒了。这座没有人住的荒石园，成了动物的天堂，没有人会伤害它们了，它们也就占据了这儿的角角落落。黄莺在丁香树丛中筑巢搭窝；翠鸟在柏树繁茂的枝叶间落户安家；麻雀把碎布和稻草麦秆衔到屋瓦下；南方的金丝雀在它们建在梧桐树梢的没有半个黄杏大的小安乐窝里鸣叫；红角鹗习惯了这儿的环境，晚间飞来唱它那单调歌曲，声似笛音；被人称为雅典娜鸟的猫头鹰也飞临此地，发出刺耳的咕咕声。这座废弃的屋子前有一个大池塘。向村子里输送泉水的渡槽，顺带着也把清清的流水送到这个大池塘中。在动物发情的季节，两栖动物便从方圆一千米处往池塘边爬来。灯芯草蟾蜍——有的个头儿大如盘子——背上披着窄小细长的黄绶带，在池塘里幽会、沐浴。日暮黄昏时，“助产士”雄蟾蜍的后腿上挂着一串胡椒粒似的雌蟾蜍的卵。这位宽厚、满怀温情的父亲带着它珍贵的卵袋从远方蹦跳而来，要把这卵袋没入池塘中，然后它躲到一块石板下面，发出铃铛般的声响。成群的雨蛙躲在树丛间，此时此刻不想哇哇乱叫，而是以优美动人的姿势在跳水嬉戏。五月里，夜幕降临之后，这个大池塘就变成了一个大乐池，各种鸣声交织，震耳欲聋，以致你若是在吃饭，就甭想在饭桌上交谈，即使躺在床上，也难以成眠。为了让园内保持安静，必须采取严厉的措施。不然怎么办？想睡而又被吵得无法入睡的人，心当然会变硬的。

膜翅目昆虫简直无法无天，竟然把我的隐居之所也侵占了。白边飞蝗泥蜂在我家门槛前的瓦砾堆里做窝。为了踏进家门，我不得不加倍小心，否则，一不留神，就会把它的窝踩坏，正在忙活的“矿工们”将会遭受灭顶之灾。我已经有整整二十五年没有看到过这种捕捉蝗虫的高手了。记得

① 法寸：法国长度单位，1 法寸约为 27.06 毫米。

第一次看见它时，我走了好几千米才找到它；其后，每次去寻访它，我都是顶着那八月火热的骄阳前去，忍受着艰难的长途跋涉。可是，今天，我在自家门前见到了它们，它们竟然成了我的邻居。关闭的窗户框为长腹蜂提供了温度适宜的套房，它那泥筑的蜂巢建在用规整石材砌成的内墙壁上；这些捕食蜘蛛的好猎手归来时，穿过窗框上一个现成的小洞，钻入房内。百叶窗的线脚上，几只孤身的石蜂建起了它们的蜂巢群落。略微开启着的防风窗板内侧，一只黑胡蜂为自己建造了一个小土圆顶，圆顶上部有一个细颈的大口供出入。胡蜂和马蜂经常光顾我家；它们飞到饭桌上，尝尝桌上放着的葡萄是否熟透了。

这儿的昆虫确实又多又全，而我所见到的只不过是其中一小部分。如果我能与它们交谈的话，我就会忘掉孤苦寂寥，变得兴致勃勃。这些昆虫，有些是我的新朋，有的则是我的旧友，它们全都在我这里，挤在这方小天地之中，忙着捕食、采蜜、筑窝搭巢。另外，若是想要改变一下观察环境，这也不难，因为几百步开外便是一座山，山上满是野草莓丛、岩蔷薇丛、欧石楠树丛；山上有泥蜂们所偏爱的沙质土层，有各种膜翅目昆虫喜欢开发利用的泥灰质坡面。我正是因为早已认准了这块风水宝地——这笔宝贵财富，才逃离城市，躲到这乡间里，来到塞里尼昂[1]，给萝卜地锄草，给莴苣地浇水。

人们花费大量资金，在大西洋和地中海沿岸建起许许多多实验室，以便解剖对我们来说并无多大意义的海洋中的小动物；人们耗费大量钱财，购置显微镜、精密的解剖器械、捕捞设备、船只，雇用捕捞人员，建造水族馆，为的是了解某些环节动物的卵黄是如何分裂的。我直到如今都没弄明白，这些人搞这些有什么用处？为什么他们偏偏对陆地上的小昆虫不屑一顾？这些小昆虫可是与我们息息相关的，它们为普通生理学提供着难能可贵的资料。它们中有一些在疯狂地吞食我们的农作物，肆无忌惮地破坏

①塞里尼昂：法国埃罗省的一个小镇。

公共利益。我们迫切地需要一座昆虫学实验室，一座不是研究三六酒[①]里的死昆虫而是研究活蹦乱跳的昆虫的实验室，一座以研究这个小小的昆虫世界的动物的本能、习性、生活方式、劳作、争斗和生息繁衍为目的的昆虫实验室，而我们的农业和哲学又必须对其予以高度的重视。彻底掌握那些对我的葡萄树进行吞食、蹂躏的那些昆虫，可能要比了解一种蔓足纲动物的某一根神经末梢是什么状态更加重要。通过实验来划分清楚智力与本能的界线，通过比较动物一系列的各种实况，以揭示人的理性是不是一种可以改变的特性等，应该比了解一只甲壳动物的触角有多少根要重要得多。为了解决这些大的问题，必须动用大批工作人员。可是，就目前来说，我只是孤军奋战。当下，人们的注意力放在了软体动物和植虫动物[②]的身上。人们花费大量的资金购置许许多多的拖网去探索海底世界，却对自己脚下的土地漠然处之，不甚了了。在等待着人们改变态度的同时，我开辟了我的荒石园——这座昆虫实验室，而这座实验室用不着花纳税人的一分钱。

① 三六酒：酒精度在 85 度以上的烧酒，取三份烧酒，兑三份水，即成六份普通烧酒。
② 植虫动物：以前分类体系中一类动物的通称，被认为是介于植物和动物的中间型。

圣甲虫

做窝筑巢、维护家庭，是种种本能特性中最崇高的一种。鸟儿这灵巧的建筑师告诉了我们这一点；在本领方面更加多样化的昆虫也让我们见识了这一点。昆虫对我们说：“母爱是本能的崇高灵感。”母爱旨在维护族类长期繁衍，是远胜于保护个体的更加利害相关的大事，因此母爱唤醒最迟钝的智力，使之高瞻远瞩。母爱是远远高于神圣的源泉，不可思议的心智灵光孕育其中，并会突然迸射而出，使我们顿悟一种避免失误的理性。母爱越坚，本能越优。

在这一方面最值得我们关注的是膜翅目昆虫，它们身上凝聚着最充分的母爱。它们把所有的本能才干都倾注于为自己的子孙后代觅食谋屋。为了其复眼永远看不到而其母爱的预见力却深深知晓的家族繁衍，它们成了种种技艺的行家里手。它们中有的是编织棉织品和许多絮状物品的能手；有的是制作细叶片篓筐的能工巧匠；有的是泥瓦匠，建造水泥房间、砖石屋顶；有的是陶瓷行家，用黏土制作高档的尖底瓮、坛罐和大肚瓶；有的擅长挖掘，在湿热的地下建造神秘的地宫。它们掌握着成百上千种技艺，与我们人类所掌握的相仿，甚至有些还不为我们所知，而它们却已用于住房的建设了。它们随即便得考虑将来的食物：一堆堆的蜜，一块块的花粉糕，精心制作的野味罐头……这类工程是专以家庭的未来为目的的，其中体现着在母爱激励之下本能的种种最高表现。

昆虫学范围内的其他一些昆虫，一般来说母爱都很浮皮潦草。几乎大多数昆虫只把卵产在合适的地方就不管了，任由幼虫冒着死亡危险去寻觅居所和食物。抚养如此马虎，有没有才干也就无所谓了。吕库古[①]把各种艺术从其共和国通通驱逐出去，他指责这些艺术是使人们萎靡不振的玩意儿。就这样，在以斯巴达方式养育的昆虫中，这些本能的高级灵感也就被去除了。母亲从温柔甜蜜的育婴工作中摆脱出来，那么一切特性中最最优秀的智能特性也就逐渐减弱，直至泯灭，因为不管是对于动物还是对于人类，家庭的确是一切优秀的智能特性的源泉。

如果说对子孙后代关怀备至、体贴入微的膜翅目昆虫令我们赞叹不已，那么不顾后代死活、任其听天由命的其他昆虫就显得很不像话了。而所谓的“其他”昆虫则几乎是全部昆虫。但就我所知，在各地的动物志中，我还见过一种昆虫，这种昆虫也会为自己的家人准备食物和住所，就像采蜜的昆虫和埋野味篓的昆虫那样。

而奇怪的是，这类在细腻的母爱方面可与以花为食的蜂类相媲美的昆虫，竟然是以垃圾为对象、以净化被牲畜污染的草地为己任的食粪虫类。要想再找到不忘母亲职责又有丰富的母性本能的昆虫母亲，就必须离开芬芳四溢的花坛，转向大马路上骡马拉下的粪堆。大自然中类似的两个极端比比皆是。对于大自然来说，我们的丑和美、我们的龌龊与干净算什么？大自然以污秽创造出鲜花；用一点点粪肥就能给我们创造出优质的麦粒。

各种食粪虫尽管成天与粪便打交道，但却享有一种美誉。它们一般身材小巧玲珑，穿戴庄重而且无可挑剔地光鲜，身子胖乎乎的，呈短壮体形，额头和胸廓上都佩戴着奇异饰物，因此在收藏家的标本盒里显得光彩照人，尤其是法国的那些品种，乌黑油亮，外加一些热带的品种，金光闪烁，黑紫油亮。

它们是畜群无法摆脱的客人，但它们身上可散发着一种苯甲酸的微微香气，可以净化羊圈里的空气。它们那田园生活般的习性令昆虫分类词典

---

① 吕库古：古代斯巴达共和国的著名立法者。

的编纂者们大为震惊，因此这些以前不怎么关心其痛痒的学者们，这一回改变了看法，对它们做简介时也用上了一些听起来好听顺耳的名字：梅丽贝、迪蒂尔、阿曼达、科利冬、阿莱克西丝、莫普絮斯（此处提到的名字都是维吉尔《牧歌集》中出现过的人物名字）等。这些名字都是古代田园诗人们常用且叫响了的。维吉尔田园诗中的词语用来赞颂食粪虫了。

一堆牛粪上，瞧那个你争我夺的劲头儿呀！从全球各地蜂拥到加利福尼亚的淘金者也没有它们的那股狂热劲儿。在阳光太强之前，它们成百成百地奔来，大小、形状各异，体形有长有短，品种齐全，全都乱糟糟地爬来滚去，意欲在这个大蛋糕上分得一份儿。有的在露天干活儿，在表层搜刮；有的钻进厚实的牛粪堆里，挖出地道，寻找优质矿脉；有的开凿底层，立即把财宝埋进地里；那些个头儿小又无力气的则待在一旁捡拾其身强力壮的合作者掉下的渣子。有几个新来的想必饿得不行，就在原地吃上了，但大多数则是想大捞一把，藏于安全之处，以备不时之需。当你想置身于百里香遍地的原野时，见不到一点儿新鲜牛粪，突然来到这里，见到这么一大堆的宝物，那真是天赐之物呀，只有有福分的才会这么幸运。因此，它们便把今天这宝贵的财富小心谨慎地收藏起来。粪香四溢，方圆一千米都能闻到，食粪虫们闻讯纷纷赶来，抢夺、瓜分这些美味。有几个落在后面的又跑又飞，正忙着往这里赶。

那个生怕到得太晚而朝着粪堆一溜小跑的是哪一位？它那长长的爪子僵硬笨拙地倒腾着，仿佛肚腹下面有一个机械在推动着似的；它那对棕红色的小触角大张着，透着垂涎欲滴的焦急不安。它在拼命地赶，赶到了，还撞倒了几位食客。它就是圣甲虫，一身墨黑，是食粪虫中个头儿最大又最有名气的一种。古埃及人对它尊崇备至，把它视作长生不老的象征。它已入席，与其同桌的食友并肩战斗，其食友正在用自己宽大的前爪心轻轻地拍打粪球，进行最后的加工，或者再往粪球上加上最后一层，然后抽身而去，回家安心地享用自己的劳动成果。我们来看一看那有名的粪球的一道道制作工序。

圣甲虫头部边缘是顶帽子，宽大扁平，上有六个细尖齿，排成半圆。

这就是它的挖掘和切割工具，是它的齿耙，可以用来撬起和抛撒无养分的植物纤维，把好东西耙在一起积聚起来。挑选食物就是这样进行的，因为对于这些精细的行家来说，什么好什么差它们十分清楚。如果圣甲虫是为自己寻找食物，它们选个差不多就行了，但如果是为自己的孩子考虑，那它们会严格挑选，一丝不苟。

为解决自己的食物问题，圣甲虫并不挑剔，粗略地选一选就行了。它用带齿的头盔拱一拱，挑一挑，去除不需要的，然后把其他的归拢一下就得了。它的两条前腿一起用力地忙活，其前腿扁平，弯成弓形，上有粗壮的纹脉，外侧配备着五个硬齿。假如需要用力推开障碍物，在粪堆中的最厚实的部分清出一条道来，圣甲虫便用肘力，也就是说用其带齿的前腿左扫右拨，再用齿耙用力一耙，清出一个半圆形的空地来。场地清好之后，前腿还有一种工作要做：把耙到的东西归拢在一处，弄到自己的肚腹下后面的四只足爪之间。这后面四只足爪生就是为了做车工工作的。这些足爪，尤其是那最后的一对，又细又长，微微弯曲成弓形，顶端长有一个很锋利的尖爪。稍微看上一眼就会知道它们酷似圆规，在其弧形支脚之间环成一个球形，可测量球面，修正球形。它们的功用确实是加工粪球。

食物被一耙一耙地耙到圣甲虫肚腹下面的四条腿中间，后腿再稍一用力，圣甲虫就把粪球的雏形按腿部曲线挤压成了。然后，这雏形粪球不时地被四条后腿形成的两副圆规摇动、挤压，逐渐变小变实，再由肚腹加工，粪球的形状臻于完善。如果粪球表层太硬，有剥落的危险，或是某一部分纤维太多而无法旋转，前腿就对不合适的地方进行再加工，它们用宽大的拍打工具轻轻拍打粪球，使新添加的东西与原先的合二为一，并把那些不易粘贴的东西拍实在粪球上。

烈日当空，加工工作在紧张地进行着。看到“车工”的活儿干得多么利索，你会不由得肃然起敬。那工作如此飞快地进行着：一开始是个小弹丸，现在变成了一个核桃，不一会儿就会如苹果一般大小。我曾见过食量大的圣甲虫竟然旋出一个拳头大小的粪球，这肯定得花好几天的工夫。

储备的食物制作完毕，现在就得撤出混乱的战场，把食物运到合适的地方。这时候圣甲虫最令人惊奇的习性开始展现出来。圣甲虫迫不及待地上路了。它用两条长后腿搂住粪球，后腿尖端利爪插入球体中去，当作旋转轴，以中间的两条腿作为支撑，而以前腿带护臂甲的齿足作为杠杆，双足轮流着地按压、弓身、低头、翘臀，倒退着运送粪球。后腿是这台机器的主要部件，在不停地运作；它们一来一回，变换着足爪，以调整轴心，让负载物保持平衡，并在其一左一右地交替推动之下，使粪球往前滚动。这样一来，粪球表面各点都轮流接触地面，使之不停地碾压，形状更加完美，而球面硬度因均匀地受压而趋于一致。

使劲儿呀！行了，它滚动了，它一定会被运到家的，当然少不了遇上困难。这个难题说来就来，但还不算严重：圣甲虫碰到了一个斜坡，沉重的粪球会顺着斜坡滚下去的，但是圣甲虫偏要横穿这条天然道路，这可够大胆的，稍一失足，稍踩到一点儿碍事的沙子，就会失去平衡，前功尽弃。果不其然，它脚下一出溜儿，粪球便滚到沟里去了。圣甲虫被滑落的粪球一带，弄了个仰面朝天，手脚乱蹬乱踢。它终于翻转身来，追赶粪球。这个拖动“机器”更加卖力地工作起来。——该当心点儿了，傻蛋，沿着沟底走，既省力又保险。沟底路好走，特别平坦，你不用太用力，粪球就能滚动向前。——可是圣甲虫就是不听，它偏要走那个对它来说是不祥之物的斜坡。也许登得高点儿对它来说是合适的。对此我无话可说，因为就身居高处的优越性而言，圣甲虫的看法比我的看法更有远见。——可你至少该走这条道呀，这是个缓坡，你很容易从这儿爬到顶上。——它根本就不听，如果有什么很陡的、无法攀登的斜坡，那个顽固的家伙就偏偏选中它。于是，西绪弗斯①的工作开始了。它小心翼翼地、一步一步地、艰难万分地往上滚动那巨大的粪球。它一直是倒退着推动。我在寻思它是运用何种稳定神功把这个庞然大物稳定在斜坡上的。啊！稍微协调不好，它便白忙活了：粪球滚落下去，它也连带着摔下去。然后，它又开始往上爬，不一

---

①西绪弗斯：希腊神话中的一个暴君，死后受到惩罚，在地狱中把巨石往山上推，快到山顶时，巨石又滑下来，他只好永无休止地推着。

会儿又摔了下去。随即它又往上爬，这一次走得挺好，总算通过了艰难路段。原来是一个禾本植物的根在作怪，让它摔下去好几次，这一次它谨慎地绕开了这个该死的根。再使一把力就到顶了，但要小心再小心啊。坡陡道艰，稍有不慎便前功尽弃。你瞧，脚踩在光滑的卵石上，一滑，粪球和圣甲虫又一起翻滚着滑下去了。可圣甲虫又开始往上爬，仍旧坚忍不拔，没有什么能使它气馁。十次、二十次地试着这老也爬不上去的陡坡，最后，它或者是以顽强的意志战胜了千难万险，或者是经过更加缜密的思考，承认自己先前所做的是无谓的努力，于是选择了平坦的路径，终于如愿以偿，完成了任务。

圣甲虫并非总是单独地运送珍贵的粪球，它经常要找一位同伴相帮，或者说得更确切一些，是同伴主动跑来帮忙。一般情况下是这么干的：一只圣甲虫制成了粪球之后，便爬出纷乱熙攘的群体，倒退着推动自己的战利品离开工地。最晚赶来的那些圣甲虫有一只在它的身旁，刚开始制作自己的粪球，它便突然放下手中的活计，奔向滚动着的粪球，助那个幸运的拥有者一臂之力，后者似乎很乐意接受这种帮助。之后，这两个同伴便联手干起活儿来。它们争先恐后地努力把粪球往安全的地方运去。在工地上是否果真有过协议，双方默许平分这块蛋糕？在一个揉制粪球时，另一个是否在挖掘富矿脉以提取原料，添加到共同的财富上去呢？我从未看到这种合作，我一直看到的只是每只圣甲虫都独自在开采地点忙着自己的活计。因此，后来者是没有任何既定权益的。

那么，这是不是异性间的一种合作，是一对圣甲虫在忙着成家立业？有一段时间，我确实这么想过。两只圣甲虫，一前一后，满怀激情地在一起推动着沉重的粪球，这让我想起了以前有人手摇风琴唱的歌：“——为了布置家什，咱们怎么办呀？——我们一起推酒桶，你在前来我在后。”通过解剖，我便丢掉了对这种恩爱夫妻的想象。圣甲虫从外表上看是分不出雌雄的。因此，我把两只一起运送粪球的圣甲虫拿来解剖，结果发现它们往往是同一性别的。

既无家庭共同体，也无劳动共同体，那么这种表面上的合作为什么存在呢？理由很简单，纯粹是想打劫。那个热心的同伴假借着帮一把手，其实是心怀叵测，一有机会便抢走粪球。把粪粒制成球既劳累又要有耐心，如果能抢个现成的，或者至少强行入席，那可就合算得多了。如果主人没有警惕，帮忙者就能抢了粪球，逃之夭夭；如果主人的警惕性很高，那么帮忙者就以自己也出了一份力而要求二人同席。这一手怎么看都可获益，因此，抢掠就成了收效最好的手段。有的圣甲虫就这么阴险狡猾地干了，正如我刚才所说的那样：它们兴冲冲地去帮一位同伴，其实后者根本用不着它们帮忙，而且它们装作好心好意，实际上暗藏歹意。还有一些圣甲虫，也许更加大胆，更加相信自己的实力，干脆直奔主题，强行抢走其他圣甲虫的粪球。

这种抢劫行径无处不在。一只圣甲虫独自推动着自己通过努力劳动所获得的合法收益安静地离去，另外一只，也不知是从哪里冒出来的，飞来抢夺，身子重重地落下，把被烟熏了似的翅膀收在鞘翅下面，然后挥起带锯齿的臂甲背面扇倒粪球的主人，而后者正忙着推动粪球，根本无招架之力。当受袭者拼命挣扎，重新站稳脚跟时，攻击者已经立于粪球高处，那是击退对手的最有利的位置。它把臂甲收回胸前，准备迎敌，以防不测。失窃者围着粪球转来转去，寻找有利的出击点；盗窃者则立于“城堡”顶上不停地转动，始终面对着失窃者。如果失窃者立起身来攀登，盗窃者便朝前者的背部猛地一击。如果进攻者不改变收回失物的策略的话，那防守者因占据“城堡”高处，必将一次次地挫败对手的进攻。这时，进攻者企图把“城堡”及其守卫一并推翻。粪球底部受到摇晃，开始缓缓滚动起来，盗窃者也随着滚动，但它想尽办法立于粪球顶上。它做到了，但并非始终如此。它在不停地急速跟着转动，使自己保持平衡。万一脚下一滑，优势没了，那它只好与对手短兵相接。双方身体对身体，胸部对胸部，你顶我撞起来。它们的爪子绞在一起，节肢缠绕，角盔相撞，发出锉磨金属般尖厉的声音。然后，能把对手掀翻、挣脱开来的那一位便匆忙爬上粪球顶端，抢占有利地形。围困又开始了，忽而抢掠者被包围，忽而被抢者被包围，这全由肉搏时的胜败决定。抢劫者无疑贼胆包天且敢于冒险，往往占据上风。因此，被抢劫者经过两次失败之后便失去斗志，明智地回到粪堆去重新制作一个粪球。而那个抢劫得手者非常害怕已解除的险情会重新出现，便赶忙把抢掠来的粪球往自己觉得保险的地方推去。有时候，我还看见有第二个抢劫者突然飞临，抢掠前一个劫匪的赃物。说心里话，我对它并不反感。

我徒劳无益地在寻思，那个把“财产即赃物”这种大胆的谬语狂言运用到圣甲虫的习俗中的蒲鲁东[①]是何许人也？那个把“武力胜过权力”的野蛮法则在食粪虫中加以发扬光大的外交家是谁？由于手头缺少资料，我无法追本溯源地探清这些习以为常的抢劫行径，无法搞明白这种为了抢夺粪球而滥用武力的缘由，我所能肯定的只是抢劫骗取是圣甲虫的一种惯用伎俩。这些运送粪球的昆虫相互间你抢我夺，毫无顾忌，我还真没有见过其他昆虫这么厚颜无耻地干过。我干脆把这种昆虫心理方面的问题留给未来的观察者们去探索吧，我还是回过头来谈谈那两个合伙运送粪球的家伙。

尽管用词不甚贴切，我还是称那两个合作者为“合伙运送者”。它们中一个是强行入伙，而另一个则也许是无可奈何地接受的，因为它害怕会遇到更大的不测。它们俩的相逢倒还算和气。合伙者到来之时，物主正一门心思地干自己的活儿；新来者似乎怀着最大的善意，立即投入工作。二人一推一拉，相互配合。物主占着主导位置，担当主角，它从粪球后面往前推，后腿朝上，脑袋冲下。那个帮手则在前面，姿势与前者相反，脑袋朝上，带齿的双臂按在粪球上，长长的后腿撑着地。它俩一前一后把粪球夹在当中，就这么滚动着粪球。

它们俩的配合并非总是很协调，尤其是帮手背对路径而物主的视线又被粪球遮挡住了时，便会出问题。因此，事故频仍，摔个大马趴是常有的事，

---

①蒲鲁东：法国小资产阶级思想家，无政府主义创始人之一。“财务即赃物”是他的著名论点。

好在它们能泰然处之，摔倒了立即爬起来，仍旧各就各位，各司其职。即使在平地上，这种运输方式也会事倍功半，因为二人的配合无法天衣无缝，其实只要在粪球后面的那只圣甲虫独自干，照样会干得很快，而且干得更利索。那个帮手差点儿弄得无法运送粪球，它在表现出自己的善良意愿之后决定稍事休息，当然，它不会放弃它已视作自己财产的那个宝贝粪球。摸过的粪球就是自己的粪球。但它也不会贸然行事，否则对方会把它晾在那儿。

它把腿收回到肚腹下面，身子贴在（可以说是嵌在）粪球上，与之浑然一体。粪球和这个贴在其表面的帮手在合法主人的推动下一起往前滚动着。与粪球已成一体的帮手，随着粪球的滚动，忽而在上，忽而在下，忽而在左，忽而在右，但它毫不在乎。它就是要帮忙帮到底，而且默默无闻。这种帮手真少见，让别人推着自己，还要得一份酬劳！这时，前方遇到一个大斜坡，它只好帮一把了。行到陡坡上时，它当上了排头兵，只见它猛地用自己那带齿的双臂拽住笨重的大粪球，而其同伴——那个物主则在下方拼命抵住，一点点地往上顶着。我看见这两个合伙者就这样一个在上方拽着，一个在下方顶着，十分默契地往坡上爬着，如果没二人的通力合作，光靠其中一个是怎么也无法把粪球推上去的。但是，并非所有的圣甲虫在这一艰难时刻都会表现出同样的热情。有一些圣甲虫在攀爬斜坡这种必须通力合作才行的时刻，似乎根本没有看见有困难要克服。当倒霉的西绪弗斯在拼了小命试图越过障碍时，另一个则高高在上，稳坐粪球上，与粪球一起滚下、一起爬上。

我们假定那只圣甲虫很幸运，找到了一个忠实的合伙者，或者更幸运一些，假定它在途中没有碰上不请自来的同类，那么，一切就绪，它可以进行下一步了。地窖已挖好，是在土质疏松地上挖的一个洞，通常是在沙地上挖，洞不深，有拳头般大小，有一条细通道与外界相通，细通道大小正好够让粪球进入。粮食一入地窖，圣甲虫便躲在家里，用藏于角落里的杂物把地窖入口堵住。大门一关，外面根本看不出这里有个宴会厅。大功告成，它高兴万分。宴会厅里全都登峰造极！餐桌上摆满了奢华食物；天花板遮挡住当空烈日，只让一丝湿润的热气透进来；心平气和，环境幽暗，外面的蟋蟀合唱声阵阵，这一切都有助于肠胃功能的发挥。我神思恍惚，突然觉得自己俯身于地窖门口，只觉得讲述海中神女伽拉忒亚的歌剧中的那个著名唱段隐约传来："啊！周围的一切都在忙忙碌碌时，无所事事是多么美妙。"

谁敢去打扰这样一个宴席上怡然自得的家伙呀？但是，有了探个究竟的欲望，那是什么都干得出来的；而我就有这种胆量。我把我私闯民宅的情况记录在此。我看到光一个粪球就几乎把宴会厅塞满了，这奢华的食物下抵地板，上顶天花板。一条狭小的通道把粪球与墙体隔开。食者就在通道上用餐，顶多是两位，经常是独自一个，食者的肚子贴在"餐桌"上，背顶着墙壁。一旦选好座位，食者就不再挪动，然后便放开嘴吃起来。没有一点儿小的争吵，争吵会让它们少吃一口；也不挑挑拣拣，否则就会浪费食物。一切都得按先后次序，一点不漏地穿肠而过。看到它们如此虔诚尽心地围着粪球吃，你会以为它们意识到自己在完成净化大地的工作，它们知道自己投身的是那种以粪肥培育鲜花的精细化学工程，鲜花会令人赏心悦目，圣甲虫的鞘翅能点缀春意盎然的草坪。马牛羊尽管消化系统很完美，但它们的排泄物中仍留有未消化的残留物质，圣甲虫则把它们留下的那些残留物质加以利用，为此，圣甲虫就必须具备一套完整的工具。果然，通过解剖，我惊奇地发现它的肠道出奇地长，盘来绕去，使得进入的食物可以慢慢地被吸收，直至最后一个可以利用的颗粒被消化掉为止。因此，草食动物未能吸收的东西，食粪虫类昆虫的高效蒸馏器却可从中提取一些财富，而这些财富稍加处理就变成了圣甲虫墨黑的铠甲和其他食粪虫类金黄色的和赤红色的胸甲。

不过，这种令人赞叹不已的垃圾处理工作得在最短的时间内完成，这是环境卫生所限定的。而圣甲虫就具有这种其他昆虫也许没有的很强的消化能力。一旦食物进入地窖，圣甲虫便日夜不停地吃着，直到把食物消灭干净为止。当你有了一定的实践经验，把圣甲虫关在笼子里养是很容易的。我就是采用这种办法获得了这些资料，这对了解著名的圣甲虫高效的消化功能大有裨益。

整个粪球就这么一点儿一点儿地依次通过消化道，然后，圣甲虫隐士便爬出地面，寻找机遇再做粪球，一切就又重新开始了。

有一天，天气闷热无风，这种天气很适合我喂养的圣甲虫们大快朵颐。于是，我拿着表守在一个露天进食者的面前仔细观察着，从早上八点一直盯到晚上八点。这只圣甲虫似乎遇上了一块颇对胃口的食物，整整十二小时，它都没停止过咀嚼，始终待在“餐桌”前的同一个地点一动不动地吃个没完。晚上八点钟时，我最后看了它一次，只见它的胃口始终未减，像刚开始吃时一样起劲儿。这宴席又持续了一段时间，直到整个食物全部被消灭干净为止。第二天，那只圣甲虫确实没再出现在那儿了，头一天被大嚼个没完的那块食物只剩下了点渣子。

时针转了一圈儿多，这么长的一幕就是进餐，狼吞虎咽，精彩至极。但是，那消化的一幕更是妙不可言。圣甲虫前头不停地吃，后头则不断地排泄，那已不再含营养成分的排泄物连成一条黑色细线，如同鞋匠的细蜡绳。它边吃边排泄，足见其消化之神速。刚开始咀嚼，它那拔丝机便运转起来，直到最后几口吃完，这台机器才停止运转。那根细蜡绳从头到尾没有出现断头儿，始终挂在排泄口上，下面的则已盘成一堆，只要没有干透，就可以轻易展开成一条细长绳。

排泄的过程如同秒表一般精确。每隔一分钟，更精确地说是四十五秒，一小节排泄物便出来了，细蜡绳则加长三四毫米。等细绳长到一定程度，我便把它截断，放在刻度尺上量量其长度。我测量的结果，十二小时总长度为两米八八。晚上八点，我提着灯最后一次去察看，这之后，圣甲虫又继续吃，进餐与制绳工作又持续了一段时间，所以圣甲虫拉成的那根没有断头儿的细蜡绳总长约为三米。

知道了绳长及其直径，排泄物的体积便能很容易测算出来。而要测出圣甲虫的精确体积，同样也不难，只要把它放入有水的量筒，查看一下水位线即可。所获得的数据并非没有意义，这些数据告诉我们，圣甲虫一次连续十二个小时的进食竟消化掉几乎与自己的体积相等的食物。多么好的胃呀，而且消化能力这么强，消化速度又这么快！一开始咀嚼食物，排泄物便立即被消化成细绳状，不停地加长，直到进餐结束。在这台也许从不歇业的蒸馏器里（除非加工的原料出现短缺），原料一进入，立即由胃囊进行加工，吸收殆尽，然后排出。我不由得想到，这样一座如此高效地清除垃圾的实验室在环境卫生方面是可以起到作用的。

圣甲虫的梨形粪球

一个年轻的牧羊人负责替我抽空观察圣甲虫的活动情况。六月下旬的一个星期日，他兴冲冲地跑来告诉我，他觉得此刻是研究圣甲虫的好机会。他说自己看见圣甲虫突然从地下爬出来，便在它爬出来的地方翻找，在不很深的地方就发现了一个奇怪的东西，便给我带来了。

那玩意儿确实挺奇怪的，彻底推翻了我原先以为了解的那点儿情况。从形状上看，它就像个小小的梨，大概熟过了头，色泽不新鲜，变成了紫褐色。这个稀奇古怪的玩意儿，这个似乎由车工车间做出来的漂亮玩具，会是什么呢？是人工塑造而成的？是一个仿梨子制品供孩子玩的？我确实是这么以为的。孩子们围了过来，目不转睛地盯着这个漂亮玩意儿，都想拿走放进自己的玩具盒里。这玩意儿形状比玛瑙弹子更漂亮，比象牙球和杨木陀螺更惹人喜爱。实际上，这玩意儿的材质并不显得上乘，但摸上去很硬实，且带有十分艺术性的曲线。这没有关系，反正在深入了解它之前，我是不会把这个从地下找到的小梨给孩子们当玩具的。

它真的是圣甲虫的杰作吗？它里面会有一个卵、一只幼虫吗？牧羊青年肯定地对我说有。他说他在挖的时候不小心把一个同样的小梨弄碎了，里面就有一粒白色的卵，像一个麦粒那么大。我不太相信他说的，因为他给我拿来的小梨与我所期待的粪球相去甚远。

剖开这个令人生疑的玩意儿，看看它里面有什么东西，这也许有些冒失：即使如牧羊青年认定的那样里面果真有虫卵，我这么把它剖开也许会影响里面胚胎的存活。再说，我在想，梨形与所有已知的情况是矛盾的，很可能是偶然造成的。谁知道日后会不会再遇上偶然的情况给我提供同样的东西呢？最好保持它的原样，静观情况的发展，特别是应去现场看个究竟。

第二天天一亮，牧羊青年已在那儿放羊了。我爬上山坡见到了他。山坡上的树木最近被砍光了，夏季的毒日头晒得人后脖颈儿疼，好在还得两三个小时之后太阳才晒得到我们。清晨，凉风习习，羊群在牧羊犬的看管下静静地吃草，我和牧羊青年便一起搜寻起来。

很快我们就找到了一只圣甲虫的洞穴，洞穴的上面堆成一个鼹鼠丘，一眼就可以认出来这是个新窝。我的同伴用力地挖起来。我把我的小铲子给了他，我那把小铲子既轻巧又结实，我每次外出时都不会忘记带上它，因为我见土就想挖一挖，且怎么也改不了这个习惯。我躺在地上，目不转睛，好仔细查看被挖开的洞穴内部的安排布置。牧羊青年一只手用小铲子挖着，另一只手把浮土弄掉。

我们成功了：一个洞穴打开了，只见那湿热的半张开的地洞里有一个完美的梨形粪球。是啊，说真格的，这是我第一次看到圣甲虫妈妈的杰作，我印象太深刻了，永远也无法抹去。即使我是挖掘古埃及圣骨的考古学家，当我挖到某个法老的地下墓穴中雕琢成绿宝石的圣甲虫时，我也不会比这次更加激动。啊！突然金光四射！发现真理的快乐呀！什么快乐可与你相媲美？！牧羊青年也高兴万分，他见我笑，自己也笑；他看见我幸福欢快，自己也面露喜色。

偶然的事不会重现，一件事不会一模一样地再现，一句古老的格言就是这么告诉我们的。我这已是第二次看到这种奇特的梨形粪球了。这种形状是正常的，不是例外？圣甲虫在地上滚动的那个球体是否被它扔掉了？我们继续挖下去，想再看看究竟是怎么回事。我们又找到了第二个洞穴。同第一个一样，这个洞穴里面也有一个梨形粪球。这两个玩意儿一模一样，简直像是一个模子刻出来的。有一个细节颇有价值：在第二个洞里，在梨形粪球旁边，圣甲虫妈妈怜爱地紧搂着梨形粪球，想必是专心致志地对它进行最后的加工，然后自己就永远地离开这个洞穴。一切疑惑都驱散了，我认识这个雕塑工，我了解它的杰作。

在上午剩下的时间里，我便只是对已知的这些情况进行充分的求证。在毒日头把我晒得受不了只好离开挖掘现场之前，我已拥有一打[①]形状相同、大小几乎一样的梨形粪球。有许多次，我都发现圣甲虫妈妈在洞穴深处的车间里。

最后，我先提一下后来所了解到的情况。在六月末到九月份的大热天里，我几乎每天都到圣甲虫经常出没的地方去探察，我用小铲子挖开一个个洞穴，获得了一些超乎我所能期盼得到的资料。我从笼子里饲养的圣甲虫那里又获得了另一些资料，这些资料真的也很宝贵，但无法与在田野里的自由空间中所获得的资料相比。不管怎么说，我也挖掘过不下一百来个洞穴，而且次次都见到那种梨形粪球，却从来没有见到过圆圆的粪球——一次也没见到过书本上告诉我们的那种浑圆形状的粪球。

这个错误我以前也犯过，因为我非常相信大师们的金口玉言。以前，我在安格尔高原的研究没有任何结果，我在实验室进行的饲养也可悲地以失败而告终，但我又一心想给青年读者们一个圣甲虫如何筑巢做窝的看法，所以就接受了传统的浑圆粪球这一荒谬说法，而且通过类比推理，用别的食粪虫的一点儿情况试着勾勒圣甲虫卵的外形，导致出现了不可饶恕的错误。

现在，我们来详述一下这个真实的故事，用我亲眼所见并且一见再见的事实作为依据。圣甲虫的地下窝巢在地面上一看便知，因为洞外有一堆浮土，似一个鼹鼠丘，是圣甲虫妈妈把洞中挖出的土推到洞外堆积而成的。这个鼹鼠丘下开着一个不太深的洞，大约一分米，有一条或直或曲的水平通道通到可能有拳头大小的宽敞大厅。这就是地下室，虫卵被食物包裹着，在离地面几寸的地下，由酷热的太阳烘烤慢慢孵化；这也是圣甲虫妈妈宽

---

① 一打：十二个。

敞的车间，它可以在里面灵活自如地把未来宝宝的面包揉制、加工成为梨形。

这个粪球面包躺倒时的长轴线是水平方向的，其形状以及大小让人想到圣诞节时期的小梨子——色泽鲜艳，香气扑鼻，提前成熟，让孩子们爱不释手。梨形粪球的大小基本都差不太多。最大个儿的长四十五毫米，宽三十五毫米；最小个儿的长三十五毫米，宽二十八毫米。

梨形粪球的表面虽不像大理石那么光滑，但却非常规则匀称，是经过很小的红土颗粒仔细打磨过的。它原是十分松软的，宛如可塑性黏土，因为是刚做好的，但很快便因风干外层结起一层硬皮，用手指捏都捏不碎，比木头都硬。这层硬皮是一个保护层，使得隐于其中者避免与外界接触，可以极其安静地消受自己的食物。但是，如果连中间也风干了，那就非常危险了。我们以后将有机会来谈被迫面对太硬面包的幼虫的可怜处境。

圣甲虫面包铺加工的是什么样的面团呢？马牛骡是它的供货者吗？绝对不是。不过，我以前一直以为是的，而且每个看见它在一大堆普通牛粪中拼命收集为己所用的人，也都会这么以为的。它通常就在那儿揉制粪球，然后弄到沙土地下的某个隐蔽所去消受一番。

如果那种沾满草梗的粗糙面包只是用来自己吃的话，那没有什么问题，但如果是给圣甲虫的小宝宝准备的，那就不行了。圣甲虫必须进行精加工，使之营养丰富且易于消化。它需要的是绵羊留下的美味，而不是牛拉下的一地干瘪的黑橄榄。绵羊留下的美味是在其不太干的肠子中逐渐形成、加工制作的单层硬饼干，这才是圣甲虫所要的材料、专门用于加工的面团。那不是马的那种无脂肪的粗纤维材料，而是腻滑、有黏性、均匀的物质，饱含着富于营养的汁液。这种材料因其黏性和腻滑，极适于加工成为梨形艺术品，而且它又柔软可口，很符合新生儿嫩弱的胃。在这么一个小小的梨形体中，幼虫可以获得充足的营养。

这就是梨形食品为何如此小的原因；它那么小，以至我在看到圣甲虫妈妈制作梨形粪球之前，一直怀疑这新玩意儿究竟是什么宝物。我一直都没能从这么小的梨形粪球中看出那是圣甲虫幼虫的食粮，因为圣甲虫既贪馋且个头儿也挺大。

在这个形状独特新颖的大面包团里，虫卵在什么地方呀？大家自然而然地就会认为它在那圆圆的梨肚子的中心。这中心点是最安全的地方，不受外面的一切干扰，而且是恒温的。再者，新生幼虫无论从哪儿下口都能遇到厚厚的食物层，不会咬上几口就没有了。因为在它的周围全都是一样厚，它也就用不着去挑选了；它随便咬哪儿，都可以无忧无虑、津津有味地吃下去。

这种看法似乎非常有道理，以至我也跟着相信了。在我用小刀的刀锋一层一层地往梨肚子中心剥去，深信在中心点会找到虫卵时，结果却大出我所料，那儿根本就没有虫卵。梨肚子中心非但不是空的，而且是实心的，那儿是一堆质地均匀的食物。

我的推断看上去似乎很合理，换作任何一位观察者也会与我持同样的看法，但是圣甲虫却有自己的主张。我们有我们的逻辑，还颇引以为豪；但圣甲虫也有自己的逻辑，而且在这一点上还远胜于我们。圣甲虫颇有远见，能预见会发生什么事情，所以便把卵产到别处去了。

圣甲虫到底把虫卵产到哪儿去了呢？它把虫卵产到梨形粪球最细薄的部分，在最顶端的梨颈那儿。把梨颈纵向剖开，但须加倍小心，别弄坏了里面的东西。那儿挖有一洞，洞内四壁光洁锃亮。这就是胚胎所在的圣龛，这就是孵化室。相对于圣甲虫妈妈的个头儿来说，虫卵算是挺大的了，它呈长椭圆形，白花花的，长约十毫米，宽有五毫米多。它同四壁之间有一层薄薄的间隔，与四壁都不紧贴，只是虫卵的头顶粘在靠近梨颈顶端的壁上面而已。梨形粪球通常是水平放置的，除了头顶粘着的那一点以外，幼虫实际上是悬浮在空中的，它就睡在这张既有弹性又热乎的空气床上。

现在，我们已经明白了。让我们来看看圣甲虫这么干的原因何在。让我们了解一下为什么粪球是梨形的，这在昆虫的制作工艺中可是一种很奇特的形状。让我们来看看虫卵放在那么个奇怪的地方究竟有什么好处。我知道，探究事情的原委和来龙去脉是非常繁难艰辛的，因为那是个神秘的领域，变化多端。你可能会像踏入流沙似的，一不小心就会陷下去不能自拔。

难道因为危险就放弃这种探索吗？为什么要放弃呢？

我们的科学与我们的探索手段之贫乏相比更显得伟大辉煌，但是面对无穷的未知时又显得如此地可悲。它对绝对的真理都知道些什么？它一无所知。世界只有在我们认识了它之后才使我们感兴趣。认识不了，一切都变得枯燥乏味、混沌虚无。一大堆事实并非科学，那只不过是一篇寡味的目录而已。必须解读这篇目录，用心灵之火去使之化解开来；必须发挥思想和理想之光的作用；必须诠释。

让我们去攀登这个高峰，去解释圣甲虫的所作所为吧。也许我们可以把我们的逻辑运用到圣甲虫身上。不管怎么说，看到理性对我们的支配与本能对动物的支配如此绝妙地一致，是非常有趣的。

圣甲虫处于幼虫状态时，会面临一个巨大的危险，那就是食物变干。幼虫生活的地下洞穴的天花板是一层约一分米厚的土层。这极薄的一层土又如何能挡得住能把土烤焦的酷热呢？那酷热都能把砖坯烧硬。因此，幼虫的居室温度高极了，当我把手伸进去时，都感到有股热气在往外冒。

食物至少得存放三四个星期，所以很有可能在卵孵化之前变干，甚至变得无法为幼虫食用。当幼虫那嫩牙咬不着原本是松软的面包而咬到硬得如石头般的硬皮时，可怜的幼虫将会饿死，而且确实有因饥饿而死亡的例子。我就发现过有不少八月烈日的牺牲者，它们早已把松软的食物吃出了一个大洞，后来因啃不动剩余太硬的食物而死于吃出的那个大洞中。粪球剩下的是一个厚厚的壳，像一只没有口的球形锅，可怜的幼虫在锅里被烤干瘪了。

在那个干硬得像石头似的厚壳中，幼虫即使变成了成虫也一样会饿死的，因为它冲不破围城，逃不出来。关于幼虫的彻底解放，我稍后还要论述，在此就不再就这一点多加赘述了。我们就只关心一下幼虫的悲惨处境吧。

我们说了，食物变干对幼虫来说是致命的。我们见到的在厚壳中干死的幼虫就证明了这一点，下面要做的实验会更加明确地证实这一点。在七月份筑巢做窝的季节里，我在一些硬纸盒或杉木盒里放了一打当天早上从产地挖到的梨形粪球。这些被密封起来的盒子被放在我实验室的暗处，那儿的气温与外面的气温一样。结果，我没有在一只盒子里见到成果：要么卵干瘪了，要么幼虫孵化出来后很快就死去了。相反，在一些白铁盒或玻璃笼中，情况十分不错，幼虫全部存活。

这种差别原因何在？其实很简单，在七月份的高温天气里，硬纸板或杉木板隔热效果差，水分很快就蒸发掉了，所以梨形粪球变干，幼虫便饿死了。而白铁盒或玻璃笼则相反，隔热效果好，水分不易蒸发，食物能保持松软，所以幼虫如同在出生地的洞穴中一样很好地成长。

圣甲虫有两种方法避免食物变干。首先，它用它那宽臂的铠甲使劲儿地压紧压实梨形粪球的外层，做成一层比中心更均匀更密实的保护性外皮。如果我把一个用这种方法制作的食品罐头捏碎，那层外皮通常会一下子脱落，露出中心的内核来。这让我联想到一个核桃的核儿和仁儿。圣甲虫妈妈在按压时只着力于几毫米的表层，所以便出现了一个外壳。它并没往深处按压，这样中间的那个大内核也就分出来了。夏季最炎热的时候，为了让食物保鲜，家庭主妇会把面包放在密封的坛子里；而圣甲虫妈妈的做法与其有异曲同工之妙，它通过按压制成外壳，以保护里面孩子的食粮。

圣甲虫的所作所为远胜于此，它变成了一位几何学家，能够解决最小值的难题。在其他条件完全相同的情况下，蒸发显然与蒸发面的大小成正比。因此，为了减少水分的丧失，就必须让食物的面积尽量地小，但又必须让这个最小的面积包含最大量的营养物质，以便让幼虫吃饱吃好。那么，什么样的形状才能达到面积最小而体积又能达到要求呢？按几何学的回答，那就是球形。

圣甲虫因此把幼虫的食粮加工成为球形，而梨颈被暂时地忽略；这种球形并非强加给圣甲虫一个必需的外形而在盲目的机械条件下造成的结果；也不是在地上滚动而突然获得的成果。我们已经看见了，为了更方便、更快捷地把收集到的食物弄到别处去食用，圣甲虫把食物加工成球形，但又没有挪动它的位置。总之，我们已经承认这个球形在滚动之前就做成了。

同样，我们马上也可以确定，为幼虫准备的梨形则是在洞底深处制作而成的。它没有滚动过，甚至都没有挪过窝儿。圣甲虫完全按照所需要的外形对它进行了加工，犹如泥塑艺人用拇指捏泥人一样。

圣甲虫利用自己配备的工具也能制作出不如梨形柔和的其他一些形状。譬如，它能制作较粗糙的圆柱体，那是粪金龟通常制作的香肠面包；它也能草率从事，让没有固定形状的粪块保持原状。如果草率从事，活儿就干得更快，它也就有更多的闲暇尽享阳光下的欢乐了。但是不然，圣甲虫专门选择制作梨形粪球，而要把这种形状做得精确是十分不容易的。它制作这种繁难的梨形粪球，就像它深知蒸发的规律以及几何学的规律似的。

现在剩下的是搞清楚梨颈的事了。它的功能、作用究竟是什么？答案显然是：有很大的作用。孵化室就在梨颈部位，卵就在其中。所有的胚胎，无论是植物的还是动物的，都需要空气这个生命的原动力。为了让激发生机的空气这种助燃剂渗透进去，鸟的蛋壳上满是气孔，圣甲虫的梨形粪球就类似于鸡蛋。

为了避免过快地干燥，梨形粪球的外壳被压实成一层很硬的外皮；它的营养核，也就是蛋黄、卵黄，是藏于外皮内的松软的球；它的透气室就是顶端的那个小屋，亦即梨颈上的那个小窝，里面的空气把胚胎团团围住。为了呼气吸气，有哪儿能比孵化室更好？那儿位于尖角上，沐浴在空气中，气体可以透过薄薄的壁自由地渗进渗出。

空气和高温是最重要的条件，所以食粪虫中没有谁敢等闲视之。我们以后会有机会看到，食粪虫的食物块形状各异，除了梨形以外，根据制作者的种属不同，还有圆柱形、鸟蛋形、球形、尖顶形等。但是，虽说形状各不相同，首要的一点却是永远不变的：卵待在紧靠表面的一间孵化室里，这是呼吸新鲜空气和吸热的最佳处所。在这种精巧艺术方面，圣甲虫制作的梨形粪球独占鳌头。

我前面刚提到过，圣甲虫这位一流的揉制工在揉制粪球时所表现出的逻辑性可与我们人类的相媲美。就我们现在所知，我所做的实验就证明了这一点。但还有更好的证明。我们把这个问题用我们的科学加以阐释吧。胚胎是被包围在一大块食物中的，而因为干燥，这大块食物会很快变得无法食用。如何加工这种食物块才好呢？为了容易地呼吸到新鲜空气、吸收热量，把卵产在哪儿好呢？

所提的第一个问题已经回答过了。我们从所获知识中可知，蒸发是与蒸发表面的面积大小成正比的，所以食物应做成球状，因为球状体包含的物质最多而表面面积又最小。至于虫卵，既然需要一个保护套加以保护，免得有任何伤害性的接触，就必须把它放置在一个薄的圆柱形套子里，再让套子立在球体上方。

这样，必需的条件就都满足了——制作成球状，食物可以保持新鲜；由一个圆柱形薄套保护着，卵可以通畅地呼吸新鲜空气、吸收热量。这必需的条件虽然满足了，但那形状却太难看，讲实用就顾不上美了。

这个艺术家把我们推理得来的粗糙作品进行了加工。它把圆柱形修改成半椭圆形，显得优美雅致得多；它又在这个半椭圆形上加工出一个精巧的曲面，与球体仍连接在一起，这就变成了一个梨形，变成了一个带颈的葫芦。这样一来，这就是一件艺术品了，非常漂亮。

圣甲虫所做的正是美学要求我们做的。它是不是也有审美观？它知道自己制作的梨形很美吗？它肯定是看不出梨形之美，因为梨形是在地下一片漆黑中制作的。但是它摸得出来，尽管它的触觉不值得一提，而且身披粗糙的角质外壳，但不管怎么说，它对自己精心揉制出来的外形轮廓是不会没有感觉的！

圣甲虫的造型术

圣甲虫是如何制作那有着慈母爱的梨形粪球的？首先可以肯定的是，这绝不是通过在地上滚动制作而成的，因为它的形状从各个方面看都是无法向前滚动的。就算那梨形葫芦的肚子可以滚动的话，但是那个椭圆形凸出来的梨颈里面可是孵化室呀！这个精巧的杰作也不可能是猛烈撞击的结果。它如同首饰匠的首饰，不可能是让铁匠放在铁砧上锤打出来的。我同意其他的一些已经提及的十分明显的原因，但愿梨形粪球的形状将永远把我们从那种认为卵是被放在一个摇来晃去的粪球里的陈旧看法中摆脱出来。

为了自己的杰作，圣甲虫这个雕塑家与真正的雕塑家们一样，关起门来潜心制作。它藏在自己的洞穴中，专心致志地加工被它运入洞中的粪料。它在对待粪料的方法上有两种情况。一种是在粪堆里按照我们已知的那种办法选取优质食料，就地揉制成小球，搓成圆形后再滚动它。如果只是为解决自己的口粮问题，圣甲虫肯定就这么做了。如果它认为粪球体积过大，又不适宜就地挖洞，它便滚动着这个大家伙上路。它边走边找，直到找到一个合适的地点为止。路途中，粪球不会越滚越圆，但表面那一层会稍稍变硬，沾上一些泥土和细沙粒。这层沾上泥土和细沙粒的表层是其跋涉之远近的真实记录。这一点很重要，我们一会儿会用得上的。

还有一种情况是，在它从中选取粪料的粪堆附近就很适合挖洞。那地方没什么石头，很容易挖洞。这样就无须长途跋涉，也就用不着滚动粪球了。绵羊提供的松软“蛋糕”被收集起来，原样储存，放进车间，需要时再切成小块加工。

这种情况通常并不多见，因为地面粗糙，石头太多，可以轻易挖洞的地点零零星星，圣甲虫不得不身负重荷四处寻觅。不过，我的笼子里铺的一层土是过过筛子的，挖洞就极其容易，每一处都可以挖洞造巢，因此，圣甲虫妈妈为产卵而劳作时，只要把附近的粪块弄到地下就行了，用不着先把粪块弄成个固定的形状。

这种无须事先揉成粪球再运输储存的方法，无论是在野地里还是在我的笼子中，其最后的结果都非常令人惊讶。第一天，我看见一块没有形状的粪料消失在地下；第二天或第三天，我查看了圣甲虫的车间，发现艺术家正面对着自己的杰作呢。当初的不成形的、被一块块抱进洞中的碎块，已经变成了形状完美、无可挑剔的梨形粪球了。

这件艺术品身上还留有其创作者的印记，立于洞底地上的那一部分沾着少许的泥土，其余部分都很光滑锃亮。在圣甲虫制作梨形粪球时，由于粪球自身的重量，由于圣甲虫的轻轻拍打，松软的梨形粪球接触地面的那一面就沾上了点儿泥土，而其他大部分面积则保持了圣甲虫精心加工所给予它的精细完美。

由这些仔细观察到的细节而得出的结论是显而易见的：梨形粪球不是旋转制作而成的，不是圣甲虫在宽敞车间的地上经过滚动获得的，如果是那样的话，它就应该全身到处都沾上了泥土才对。另外，它那凸起的颈部也排除了这种制作方法的可能性。它甚至都没有从一头翻转到另一头；它的朝上一面没有沾到一点儿泥土，这就是有力的证据。圣甲虫没有移动也没有翻转，就在它所在的地方原地对梨形粪球进行了加工制作；它用它那宽臂轻轻地拍打梨形粪球，正如我们在露天所看见的那样。

现在我们回过头来说说田野里的通常情况。这时候，粪球是从远处运来拖进洞穴里的，整个表面全都沾满了泥土。圣甲虫将如何处理这个粪球？粪球上已经显现出未来梨形粪球的肚子了。如果我只想求得答案而不考虑曾经使用过的方法的话，这答案是很容易得到：只要在洞中连同其小粪球一起抓住圣甲虫妈妈，把它和小粪球全都弄到我的实验里进行仔细观察，研究进展情况就可以了，而这种事我干过许多次。

我用一只短颈大口瓶装满筛过的湿润的土，并把土夯实到需要的程度。然后，我把圣甲虫妈妈及其紧搂住的宝贝粪球放在我制造的土堆表面。我把大口瓶放在半明半暗的地方，然后等待着。我的耐心并未受到太久的考验。圣甲虫因筑巢的活计所迫，便重新开始了被我打断的工作。

在某些情况下，我看见圣甲虫一直待在地面上，把粪球打碎敲破，弄得粪渣满地皆是。这根本不是圣甲虫成了俘虏后，因为绝望而在恍惚中把宝贝粪球给毁坏掉的；它这是明智的合乎卫生的举动。对在一些疯狂的争抢者中间匆忙弄到的粪球进行仔细检查往往是必要的：一是因为在强盗们中间，在收获地点进行翻检并不总是很合适的；二是因为粪球有可能裹进一些小蜣螂、蜉金龟之类的东西，当时忙着拼抢而顾不上仔细挑拣。

这些无意间闯入粪球的入侵者非常自在地待在粪球里，将来会与合法的消费者争食梨形粪球的。必须把这帮馋虫从粪球中清除出去。因此，圣甲虫妈妈便把粪球打碎，变成碎屑，仔细搜查。然后，再重新把粪渣聚拢，再次做好粪球，这时表面已无泥土了。于是圣甲虫把它拖入地下，把它加工制作成除支撑那一面以外无泥土的梨形粪球。

更常见的是，粪球被圣甲虫妈妈原样埋入地下，如同我从洞中把它挖出来时那样，外层很粗糙，这是因为圣甲虫妈妈把它从收集点一路滚动，直至理想的加工点所造成的。在这种情况下，我在大口瓶底看见的是已成为梨形的粪球，外壳很粗糙，表面嵌满了沿途沾上的泥土和沙子，足见梨形粪球并不要求从里到外进行全面的加工改造，而是通过简单的按压，拉出梨颈就成了。

在绝大多数情况下，一切都是这样正常发展的。我在田野里挖出来的梨形粪球几乎全都有一层硬痂，都程度不同地不很光滑。如果没有发现这硬痂是因长途运输所造成的，那便会以为这沾满泥土和沙子的外壳是圣甲虫在地下制作时滚动粪球所致。我所看到的那几个罕见的光滑粪球，特别是我的笼子里挖出的那几个极其干净光洁的粪球，彻底地纠正了这一错误。这几个梨形粪球告诉我们，要把就近收集的并且未成形便储存起来的粪料加工成梨形粪球，就必须进行彻底的塑造，而且根本就不是用滚动加工的方法；这几个梨形粪球还告诉我们，那些表层粗糙的梨形粪球并不是在车间里滚动时沾上泥土造成的，而纯粹是它们在地面进行了长途跋涉所致。

亲眼观看梨形粪球的加工制作并非易事：那个在黑暗中干活儿的艺术家稍被光线照到，就坚决罢工停手。它需要一片漆黑才能进行雕塑；我则必须有光亮才能看到它。这两个条件不可能同时得到满足。不过，我们不妨试一试，断断续续地抓住那不能完全展露的真实情况。我采用了下面这个办法。

我还是用了先前的那个短颈大口瓶，在瓶底铺了一层几指厚的土。为了弄一个我必需的四壁透明的车间，我在土层上支起一个三脚架，有一分米高，我在其上放置一块与大口瓶瓶口直径相同的枞木盖板。这样装置好的玻璃壁板房就是圣甲虫干活儿的宽敞的地下室。枞木板边缘被切开一个小口，刚好够圣甲虫及其粪球通过。最后，在枞木盖板上堆上一层尽可能厚的土。

在堆土时，盖板上的土有一部分会滑落，从所开缺口处漏到房间里去，形成一个宽宽的斜坡。这是我计划好的。当圣甲虫发现连接口之后便借助这一斜坡，下到我为它准备好的透明屋中去。当然，这个透明屋必须全黑之后，它才会去。因此，我便用硬纸板做了一个上面封住口的套，把短颈大口瓶罩上。这样一来，那个房间就全黑了，符合了圣甲虫的要求。我只要猛地拿起套来，我所要的光亮也就有了。

万事俱备，我便开始寻找带着自己的粪球宝宝刚退隐进天然洞穴中的圣甲虫妈妈。正如我所希望的，一个上午就全安排妥当了。我把那位圣甲虫妈妈及其粪球宝宝放在上层土的表面上，并在大口瓶上罩上了纸套，然后便耐心地等待着。只要卵没安置好，圣甲虫妈妈便会执着地完成自己的工作，它将会为自己挖一个新的洞穴，并随时一点儿一点儿地把粪球往洞坑中拖；它将会穿过上面的那层不太厚的土；它将碰到枞木板盖的阻碍，这是与它多次在露天泥地里挖洞时遇到的阻挡去路的碎石一样的障碍；它将会探寻受阻的原因，并发现那个缺口，于是，它从这个小口爬到下面的小屋；小屋对它来说很宽敞，可以自由爬动，如同我让它搬家前它所住的地下室。我就是这么推断的。但这一切都需要时间去验证，而我觉得最好是一直等到第二天，以满足自己那急不可耐的好奇心。

到时候了，看看去。头一天，我把实验室的门敞开着，因为门锁的一点点响动就会惊动我的那个疑心很重的劳作者，它会马上停下手中的活儿。为了减小动静，我进实验室前换上了一双软底拖鞋。我猛地一下掀去纸套。太好了！我的推断一点儿没错。

圣甲虫正待在玻璃车间里。我看见它正在忙活着，宽爪正放在梨形粪球的雏形上。但是，这突然的一亮，把它惊住了，它一动不动，仿佛僵住了。这种情况延续了几秒钟。然后，它转过身去，笨拙地往回爬上斜坡，想进到地下室的黑暗的高处。我看了一眼它干的活儿，记下了其作品的形状、姿态、方位，然后又把纸套套上，让里面全黑下来。如果想再做这种实验，就不能让这种突然袭击持续得太久。

我突然而短暂的窥探向我们透露了这项神秘工程的初步信息。一开始完全呈圆球形的粪球现在出现了一个大鼓包，像个不太深的火山口。这件活计让我想起某些史前时期的瓦罐——只是这件活计的比例要小得多——圆肚，边口厚实，颈部有一圈儿小槽勒着，这个梨形粪球的雏形表明了圣甲虫的制作工艺，这工艺与不懂得陶车技术①的第四纪人类②的工艺完全一样。

这可塑的粪球一侧被勾勒出一圈儿，挖出了一圈儿沟槽，那就是梨形粪球的颈部。这只粪球雏形还被拉伸出来一个又圆又钝的凸起，这凸起部

---

① 陶车技术：用机械制陶的技术。陶车是制造陶瓷器皿生胚的成形机械，约为距今16000年—4000年的新石器时代的产物。

② 第四纪人类：刚由猿进化到人的人类。第四纪是新生代的最新一个纪，起始时间约为260万年前。人类的出现和进化是第四纪最重要的事件之一。

分的中心部位被挤压过，粪料被挤压到周边去了，因而形成一个边缘不规则的火山口。这样，初步的工作就算结束了。

傍晚时分，我又突然悄无声息地再次探访。早上被惊扰的圣甲虫妈妈已经恢复常态，回到了自己的车间。现在又突然一片光明，它又一次受到惊吓，慌忙逃窜，奔到上面躲藏起来。被我用亮光三番两次地折腾的可怜的圣甲虫妈妈逃到上面躲了起来，但却是满怀遗憾、极不甘心的。

它的活计有所进展。火山口变深了；厚实的边口消失了，变得细薄，收拢起来，伸长为梨颈。但是，粪球并没挪动过。它的姿态、方位完全是我先前记下的那样。接地的那一面仍旧在下面，仍在同一个地点；朝上的一面仍旧朝上；已成为梨颈的火山口依然在我的右边。由此可见，我原先的推断是完全正确的：粪球没有滚动；仅仅是挤压，然后揉制加工。

第二天，我进行了第三次探访。昨天还是半开着的袋状梨颈现已闭合了。卵产下了，工程也完工了，只需再进行一番全面磨光、修饰即可。我惊扰它时，圣甲虫妈妈想必正在做这种磨光、修饰工作，因为它是极其注意粪球的几何形美感的。

我错过了工程中最繁难的部分。我大致看清楚了卵的孵化室是怎么建成的：围绕着初始阶段的火山口的凸出物，经爪子的按压后变小变薄了，然后伸长成开口处在逐渐缩小的口袋。对于到这时为止的活计，我还是可以给出满意的解答的。但是，当我想到圣甲虫的那些僵硬的工具，那让人联想到木偶动作的宽大锯齿状铠甲的生硬笨拙的动作的时候，卵将在其中孵化的那间小屋怎么建得那么漂亮完美，我就解释不清楚了。

用这种挖矿石倒挺合适的粗糙工具，圣甲虫是怎么建成那育婴室、那内部极其光洁的产卵房的？那锯齿极大、如同采石用的锯子的爪子，在从那口袋的狭窄口子伸进去时，是不是变得像刷子一般柔软了？为什么不可能呢？我们早就介绍过这种情况了，而圣甲虫的情况则又在证明这一点：工具在能工巧匠的手里什么都能干。圣甲虫用自己所配备的随便什么工具都能发挥其专家的才能。它如同富兰克林所说的那种模范工人，能把刨子当锯子，能把锯子当刨子，怎么使用都行。圣甲虫就用它刨土的那把大锯齿耙作抹刀和刷子用，把幼虫诞生的小屋抹得溜光。

最后，还有一个有关这个孵化室的细节。在梨颈的顶端，有一处总是显得与众不同：有几根纤维竖立在那儿，可梨颈的其他地方全都被细心地加以抹光溜儿了。那儿是塞子，圣甲虫妈妈一产完卵便用这个塞子把那狭小的开口塞上；而这个塞子结构松散，说明没有被拍打按压，而其他地方全都被仔细拍压过了，一点儿突出的纤维都没有。

为什么其他地方圣甲虫都用爪子拍压实了，而唯独顶端这儿偏偏是个例外呢？因为圣甲虫卵的后端靠在这个塞子上，如果塞子受到挤压，被往后推，这个塞子就会把此压力传导给胚胎，使胚胎有死去的危险。圣甲虫妈妈了解这一危险，便用一个没有拍压过的塞子封住口，这样孵化室内的空气更加流通，而虫卵也避免了受到挤拍所引起的震荡的危害。

粪金龟和公共卫生

食粪虫以成虫的形态完成一年的轮回，在来年春季的欢乐时光里，自己的子女们围在膝前，而且家里添丁进口，成员翻了一两番，这在昆虫的世界里肯定是无出其右的。蜜蜂这种本能方面的贵族，一旦蜜罐装满也就随即死去；另一位贵族——蝴蝶，虽非本能方面的贵族，但却是服饰华美的贵族，当它把自己那成团的卵固定在得天独厚之地时也随即离开人间；浑身披着铠甲的步甲虫[①]在把自己的子孙后代撒放在乱石下之后，随即也命归黄泉。

其他昆虫也是如此，除了那些群居的昆虫以外。群居昆虫的母亲能够独自或在仆从的陪伴下幸存下来。规律是普遍的：昆虫天生是无父无母的孤儿。可我们要讲的这种情况却是一种意想不到的反常现象：卑贱的滚粪球工逃过了那种扼杀高贵者的残酷规律。食粪虫尽享天年，成了长寿元老，而且鉴于其所做的贡献，它也确实当之无愧。

有一种公共卫生要求在最短的时间里把任何腐烂的东西全部清除干净。巴黎至今尚未解决它那可怕的垃圾问题，这迟早是这座巨大城市生死存亡的关键问题。大家在寻思，这城市之光会不会有一天被土壤中饱含的

① 步甲虫：鞘翅目肉食亚目步甲科的通称，因后翅常退化，不能飞行，只能在地面行走，故称步甲。

腐烂物质散发出的臭气给熏得熄灭了。聚集着数百万人口的大都市虽拥有无尽的财力与智力但也无法解决的问题，一个小小的村庄却无须花钱、无须操心费力就给解决了。

大自然对乡村的清洁卫生倾注关怀，但对城市的舒适，虽说谈不上充满敌意，却可以说是漠然置之。大自然为乡间田野创造了两类清洁工，没有什么能使它们厌烦倦怠、疲劳懒散。

第一类是苍蝇、埋葬虫、皮蠹、食尸虫类、阎虫科，它们专司尸体解剖。它们把尸体分割切碎，在自己的胃里把碎尸烂肉消化之后再还以生命。一只鼹鼠被耕作的农具划破肚皮，它的业已发紫的脏腑把田间小径弄污；一条栖息在草地上的游蛇被行人踩死，这个蠢货行人还以为自己是除了祸害，干了好事；一只尚未长毛的雏鸟从窝里摔下，落在托着其窝的大树下面，可怜巴巴地摔成了肉酱。这种残尸碎肉成千上万、无处不在，如果不及时地加以清理，其臭气将成为很大的公害。但我们也不必害怕：这种尸体一旦在某处出现，小收尸工们便会立即赶到。它们随即对尸体进行处理，掏空内脏，吃得只剩下骨头，或者至少要把尸体弄得如同一具干尸。用不了二十四小时，死去的鼹鼠、游蛇、雏鸟等便没了踪影，环境卫生保持住了。

第二类清洁工也同样是热情饱满的。城市里人们为了清洁卫生在厕所里用氨水消毒，其味极其难闻，农村里的厕所就用不着洒氨水。农民在需要独自一人待着时，一堵矮墙、一道藩篱、一丛荆棘即可避人耳目。无须赘言，你一定知道此人在那里干什么。当你被一簇簇长生草、厚厚的苔藓以及其他一些美丽的东西装点的陈砖旧瓦所吸引，走近一堵好似为葡萄培土的矮墙边时，哎呀！在这如此美丽的隐蔽处跟前，那是一大摊什么玩意儿呀！你赶紧逃之夭夭，长生草、苔藓、青苔等都不再吸引你了。第二天你再去原地看一看，那摊东西不见了，那块地方变得干净了：食粪虫来过了。

防止屡屡出现的有碍观瞻的东西被人看到，对于这些勇士们来说，只是它们职责中最微不足道的；它们肩负的是一项更崇高的使命。科学向我们证实，人类最可怕的种种灾祸都能在微生物中找到根源；微生物与霉菌相近，属于植物界的极边缘的生物。在流行病暴发期间，这些可怕的病原菌在动物的排泄物中迅速繁殖。它们污染着空气和水这两种生命要素；它们散布在我们的衣物、食物上，把疾病传播开来。凡是被这些病原菌污染了的东西，统统都要用火烧掉，用消毒剂杀菌，用土深埋。

为保险起见，绝不要让垃圾积存在地面上。垃圾是否无害？垃圾是否危险？虽然说不准，但最好还是把垃圾清除掉。早在微生物让我们明白这种警惕是多么必要之前，古代的贤哲似乎就已经明白了这一点。东方民族比我们更容易受到传染病的危害，他们早已在这一方面掌握了一些明确的规律。摩西[①]是古埃及这方面科学的传播者，自己的人民在阿拉伯沙漠中流浪的时候，他已经在法典中制定了处理的方法。他说道："为了解决自己的内急，你就走出营地，带上一根尖头棍子，在沙地上挖个坑，然后再用挖出的沙土把你的污秽物掩埋起来。"[②]

这种处理方法简单之中透着重大意义。可以相信，如果在大规模朝觐克尔白神庙[③]期间，伊斯兰教采取这种措施以及其他一些类似措施的话，麦加就不会每年都成为霍乱的发源地，欧洲也就不用在红海两岸设防以防止瘟疫的蔓延。

普罗旺斯农民也像自己祖先中的一支——阿拉伯人一样不注意卫生，根本不考虑这方面的险情。幸好，《摩西十诫》的忠实执行者——食粪虫在为此辛勤劳作。消灭、掩埋带菌物质的全都是它。以色列人一有内急要解决，便腰里别着一根尖头棍跑出营地，而食粪虫也随即赶到，还带着比以色列人的尖头棍更高级的挖掘工具。解决内急的人一走，它便立即挖出一个井坑，把污秽物深埋掉，不再产生危害。

这帮掩埋工所搞的服务工作对于野外的环境卫生意义十分重大；而我们，这种净化工作的主要受益者，反而对这些小勇士有点儿鄙夷不屑，还

---

① 摩西：据《圣经》的《出埃及记》记载，摩西为公元前13世纪古代犹太人的领袖，率领在埃及为奴的犹太人返回故土。

② 参阅《摩西五经·经五》第123章第12节和第13节。——作者注

③ 克尔白神庙：麦加城内大群陵庙中心的建筑。

用粗言恶语对待它们。做好事，不为人理解，反遭恶名，被石头砸死，被人用脚踩死。看来这已成了一定之规了。蟾蜍、刺猬、猫头鹰、蝙蝠，以及其他一些为我们服务的动物就是明证，它们不企求我们什么，只是希望我们多少有点儿宽容心。

那些垃圾污物肆无忌惮地暴露在太阳地里，而保护我们免受其害的，在我们这一带，最英勇卓绝的卫士就是粪金龟。这并不是因为它们比其他的埋粪工更加勤快，而是因为它们有一副好的身子骨，能干苦活儿累活儿。再者，当需要稍稍恢复一下体力时，它们则喜欢对我们最恶心的污秽物下手。

我们附近有四种粪金龟在从事这项工作。有两种（突变粪金龟和野生粪金龟）比较罕见，我们也就不专门去观察、研究它们了；相反，另外两种（粪生粪金龟和伪善粪金龟）却十分常见。后两种粪金龟背部墨黑，胸前都穿着华美的衣服。看到专事淘粪的工人竟穿得如此漂亮，我不禁讶然无语。粪生粪金龟面部下方像紫水晶般闪亮，而伪善粪金龟的面部下方则闪烁着黄铜的光芒。我笼子里喂养着的就是这两种粪金龟。

我们先来看看它们作为掩埋工都有哪些能耐。笼中一共有十二只粪金龟，两种混养。笼子里原先大量放置食物，这一次我事先把所剩的吃食全部清除了。我想估算一下一只粪金龟一次能掩埋多少东西。日落时分，我把刚在我家门前拉了一摊的骡子的粪便放进笼子里去给那十二个囚徒。那摊粪便不算少，足可装上一篮子。

第二天早晨，那摊骡子粪便全都埋于地下了。地上几乎一点儿也没有了，顶多有点儿碎渣渣。我因此可以大致估算出：按每只粪金龟都干了同样的工作量来算，那它们每只掩埋了大约有一立方分米的粪便。如果我们想到它们那瘦小的身材，又要挖洞又要运物，那真叫人感叹：这可真像泰坦[①]干的活儿呀。而且，这还仅仅用了一个夜晚而已。

---

①泰坦：希腊神话中的远古神族，是天穹之神乌拉诺斯和大地女神盖亚所生的子女，共十二人，六男六女。

它们存粮这么丰富，是不是就守着财富待在地下不出来了？绝不是这样的！现在正是大好时光。黄昏来临，宁静温馨。现在正是精神振奋、心情舒畅的时刻，正是去远处大路上寻物觅宝之时，因为路上正有牛羊群放牧归去。我的住客们离开了地窖，返回到地上。我听见它们簌簌地在爬栅栏，冒失地撞到壁板上，黄昏时的这番热闹景象我预料到了。我白天已经收集了与头一天一样丰盛的食物，正好拿来喂它们。到了夜里，这些食物又都不见了踪影。第二天，地面上又干干净净的了。只要夜色美好，只要我总有足够的东西满足这帮贪得无厌的敛财奴，那么这种情况就会永远继续下去。

尽管其食物异常丰富，粪金龟在日落时分还是会离开已储存的食物，在太阳的余晖中嬉戏，并去寻找新的开发工地。对于它来说，好像已得到的并不算什么，只有将要得到的才有价值。那么，每晚黄昏那美好时刻它所更新的粮食仓库，到底是用来干什么的呢？很明显，粪金龟一夜之间是无法消费完这么丰盛的食物的。它储存的食物多得已不知如何处理；它只知积攒，却不完全利用；而且，它还总也不满足于自己那装满仓库的粮食，每晚还在拼死拼活地忙着往仓库里运送。

它随处建造粮仓，每天随便遇上哪座仓库便在那里弄些吃上一顿，吃不了的就几乎全部剩在那儿。从我笼子里喂养的粪金龟来看，它们那种掩埋工的本能要比作为消费者的食欲来得迫切。笼子里的地面在不断增高，我则不得不随时把它弄平。如果把土堆挖开，我就会发现坑井中堆满了粪便，厚厚的，原封未动。原先的泥土已经变成了粪和土的结块，难以分开，如果我要继续观察而不致搞错，就得加大力度清理才行。

把结块中的粪便分离出来的过程中，总免不了有误差，不是分出来的多了，就是分出来的少了，与精确的量难以一致，但从我的观察中，有一点是明白无误的：粪金龟是热情似火的掩埋工，它们往地下运送的食物远远超过它们日常之所需。这样的一种掩埋工作是由一大群出力多少不一的合作者组成的劳动大军完成的，所以很显然，土壤的净化在很大的程度上才因此得以实现，而且有这么一支辅助性的劳动大军在做贡献，公共卫生的保持也才能有望，这是值得庆幸的。

此外，植物以及因植物的连锁反应而连带的一大批生物也得益于这种掩埋工作。粪金龟埋到地下并于第二天抛弃的那些东西并未丢失，远未丧失其利用价值。世界的结算中什么也不会丢失的，清单的总数是永恒的。粪金龟埋起来的小块软粪将会使周围的一簇禾本植物枝繁叶茂。一只绵羊路过这儿，把这丛禾本植物吃掉。羊长肥，人也就有美味羊腿可以享受了。粪金龟的辛勤劳动给我们带来了一块美味肉块。

九、十月份，当头几场秋雨浸透土壤，圣甲虫得以打破出生的牢笼时，粪生粪金龟和伪善粪金龟开始建造自家住宅，建造出的住宅很简陋，有辱这些享有挖土工美称的勇士们。如果单纯是挖掘一个避难所以防冬季的严寒的话，粪金龟倒也不负其挖土工之美名：在井的深度、工程之完美和速度之快方面，没有谁可与之相提并论。在沙地和不难挖掘的土地上，我曾发现一些坑洞，洞深竟达一米。还有的能挖得更深，但我因为没有耐心，再说工具也不凑手，也就没有去挖挖看究竟深有几许。这就是粪金龟，熟练的挖土工，无人可及的打洞者。如果天寒地冻，它会下到不用担心霜冻的地层。

但是，建造子孙住宅就是另一码事了。美好季节转瞬即逝；如果要给每只卵配备一个这样的地堡，那时间是来不及的。要挖掘一个深洞，粪金龟就必须把冬天来临之前的空闲时间全部用上，别无他法。要使避难所更加安全，它就得把心思全用在造房建屋上，暂时不能去干别的事情。可在产卵期间，这么辛勤的劳作是不可能的。时间过得很快。它得在四五个星期内给挺多的子女安排住的吃的，这就无法长时间地去挖深井了。

粪金龟为其幼虫挖的地洞并不比西班牙蜣螂和圣甲虫挖的深多少，尽管季节有所不同。就我在野地里所发现的地洞来看，也就是三分米左右，尽管那儿的土很好挖，挖多深都没问题。

这种简陋的住处状如一段香肠或猪血腊肠，长度不超过两分米。这段“香肠”几乎都是不规则的，有时弯曲，有时又有些凹凸不平。这种不完美的情况是由石头地的高低起伏导致的，粪金龟是直线和垂直的挖掘工，无法总是按照自己的艺术标准去挖掘。于是，与地道紧贴在一起的粮食也就很忠实地再现了其模具的不规则性。“香肠”底部是圆的，如同地洞底部一样。这圆圆的底部就是孵化室，这圆形的孵化室可以放下一只小榛子。因胚胎的需要，室的侧壁挺薄，空气能很容易透进。在孵化室内，我看到有一种泛绿的黏液在闪亮，那是疏松多孔的粪核的半流质状物质，是粪金龟妈妈吐出来喂给新生幼儿的第一口食物。

卵就睡在这个圆圆的小窝里，与四周无任何接触。卵是白色的，呈加长的椭圆形，与成虫的体积相比，卵的体积够大的了。粪生粪金龟的卵长七八毫米，宽超过四毫米，比粪金龟卵的体积稍小一点儿。

金步甲的婚俗

众所周知，金步甲是毛虫的天敌，是菜园和花坛的警惕的田野卫士，它无愧于它那“园丁”的称号。如果我的研究不能为它那久负盛名的美誉增添点儿什么的话，那至少可以从我下面的介绍中向大家展示这种昆虫不为人知的一面。它是个凶狠的吞食者，是所有力不及它的昆虫的恶魔，但它也会惨遭灭顶之灾。谁能把它吃掉呢？是它的同类以及其他许多昆虫。

有一天，我在我家门前的梧桐树下看见一只金步甲慌慌张张地爬过。我抓住它后，发现它的鞘翅末端受到了损伤。这是争风吃醋留下的伤痕吗？我看不出有任何这方面的迹象。要紧的是得看看它伤得是不是很厉害。我仔细地查验一番，看不见它有什么伤残，可以对它进行实验，便把它放进玻璃屋中，与二十五只常住居民为伴。

第二天，我去查看这个新寄宿者。它死了。头天夜里，同室居民攻击了它，它那受伤了的鞘翅没能护好肚腹，被对方掏空了。破腹手术干净利落，没有伤及一点儿肢体。爪子、脑袋、胸部，全部完好无损，只是肚子被大开了膛，内脏被掏了个精光。我眼前是一副金色壳架，由双鞘翅合拢护着，被掏空软体组织的牡蛎也没有它这么干净。

这种结果颇令我惊诧，因为我一向很注意查看，不让笼子里缺少吃食。蜗牛、鳃角金龟、螳螂、蚯蚓、毛虫以及其他可口的菜肴，我换着花样地放进笼中，菜量充足有余。我的那些金步甲把一个盔甲受损、容易攻击的同胞给吞吃掉，是无法以饥饿作为借口的。

它们之间是否约定俗成，伤者必须被消灭，其要变质的内脏必须被掏空？昆虫之间没有什么怜悯可言。面对一个绝望挣扎的受伤者，同类中没有谁会驻足不前，没有谁会试图前去帮它一把。在肉食动物中事情可能会变得更加悲惨。有时候，一些过路者会奔向伤残者。是为了安慰它吗？绝对不是，它们是为了去品尝它的味道，而且，如果它们觉得其味鲜美，则会把它吞吃掉，以彻底解除它的痛苦。

当时，有可能是那只鞘翅受损的金步甲暴露了它的伤势，同伴们受到了诱惑，视这个受伤的同胞为一只可以开膛破肚的猎物。但是，假如先前并没有谁受伤，那它们是否会相互尊重呢？从种种迹象来看，一开始，它们还是相安无事的。吃食时，金步甲之间也从未开过战，顶多是相互从嘴中夺食而已。它们在遮阴板下躲着睡午觉时，睡的时间很长，也没见有过打斗。我那二十五只金步甲把身子半埋在凉爽的土中，安静地消食、打盹儿，彼此相距不远，各自睡在各自的小坑中。如果我把遮阴板拿掉，它们会立刻惊醒，纷纷四下逃窜，不时地相互碰撞，但并不打架。

平静祥和的气氛很浓，似乎会永远这么持续下去，可是，六月，天刚开始热，我查看时就发现有一只金步甲死了。它没有被肢解，躯体同一个金色贝壳一模一样，如同前段时间被吞食的那只伤残者的样子，使人想到一只被掏干净的牡蛎。我仔细查看了残骸，除了腹部有个大洞，其他地方完好无损。由此可见，当其他金步甲在掏空那只受伤的金步甲时，它还处于正常的状态。

没过几天，又有一只金步甲被害，同先前死的那只一样，护甲全都完好无损。如果把死者腹部朝下放好，它似乎好好的；而让它背朝下的话，它便是一只空壳，壳内没有一点儿肉了。稍后不久，我又发现一具残骸，然后是一只又一只，越来越多，以致笼中居民迅速减少。如果继续这么残杀下去的话，那我笼子里很快就什么也没有了。

我的金步甲们是因年老体衰自然死亡，幸存者们瓜分了死者尸体呢，还是牺牲好端端的“人”以减少“人口”呢？想弄个水落石出并非易事，因为开膛破肚的事是在夜间进行的。但是，我因时刻警惕着，终于在大白天撞见过两次这种大开膛。

将近六月中旬，我亲眼看见一只雌金步甲在折腾一只雄金步甲。后者体形稍小，一看便知是只雄的。“手术”开始了。雌性攻击者微微掀起雄金步甲的鞘翅末端，从背后咬住受害者的肚腹末端，它拼命地又拽又咬。受害者精力充沛，但并不反抗，也不翻转身来。它只是尽力往相反的方向挣扎，以摆脱攻击者那可怕的齿钩，只见它被攻击者拖得忽进忽退，未见有其他任何抵抗。搏斗持续了一刻钟后，几只路过的金步甲突然停下脚步，好像在想：“马上该我上场了。”最后，那只雄金步甲使出浑身力气挣脱开来，逃之夭夭。可以肯定，如果它没能挣脱掉的话，那它肯定就被那只凶残的雌金步甲开膛了。

几天过后，我又看到一个相似的场面，这次结局却是完满的。仍旧是一只雌金步甲从背后咬一只雄金步甲。被咬者没做什么抵抗，只是徒劳地挣扎，以求摆脱。最后，雄金步甲皮开肉裂，伤口扩大，内脏被悍妇拽出吞食。那悍妇把头扎进其同伴的肚子里，把它掏成了个空壳。可怜的受害者爪子一阵颤动，表明已小命休矣。但刽子手并未因此心软，继续尽可能地往腹部深处掏挖。死者剩下的只是合抱成小吊篮状的鞘翅和仍旧连在一起的上半身，其他一无所剩。被掏得干干净净的空壳被撇在原地。

金步甲们大概就是这样死去的，而且死的总是雄性，我在笼子里不时地看见它们的残骸。幸存者大概也会是这般死法。从六月到八月一日，开始时的二十五个居民骤减至五只雌金步甲了。二十只雄金步甲全都被开膛破肚，掏个干干净净。它们是被谁杀死的？看样子是雌金步甲所为。

首先，我有幸亲眼看见，可以为证。我两次在大白天看见雌金步甲把雄的在鞘翅下开膛后吃掉，或至少试图开膛而未遂。至于其他的残杀，虽然没有亲眼看见，我却有一个非常有力的证据。大家刚才全都看见了：被抓住的雄金步甲没有反抗，没有进行自卫，而只是拼命地挣扎逃跑。

如果这只是日常所见的对手之间的寻常打斗，那么被攻击者显然会转过身来，因为它完全有理由这么做。它只要身子一转，便可回敬攻击者，以牙还牙。它身强力壮，可以搏斗，定能占到上风，可这傻瓜却任凭对手肆无忌惮地咬自己的屁股。似乎是一种难以压制的厌恶在阻止它转守为攻去咬正在撕扯自己的雌金步甲。这种宽厚令人想起朗格多克蝎，每当婚礼结束，雄蝎便任由其新娘吞食而不动用自己的武器——那根能令恶妇毙命的毒螯针。这种宽容也让我想起那只雌螳螂的情人，即使被咬得只剩一截了，仍不遗余力地继续自己那未竟之业，最终被一口一口地吃掉而未做任何的反抗。这是婚俗使然，雄性对此不得有任何怨言。

我喂养在笼子里的金步甲中的雄性，一个一个地被开膛破肚，最后一个不剩，这也是在告诉我们那同样的习性。它们是已经对交尾感到满足的雌性伴侣的牺牲品。从四月至八月的四个月里，每天都有雌雄配对，有时是浅尝即止，但比较经常的是有效的结合。对于性格火辣辣的雌性来说，这绝对是没有终结的。

金步甲在情爱方面是动作利索的。在众目睽睽之下，无须酝酿感情，一只过路的雄金步甲便向一眼见到的雌金步甲扑上去。雌金步甲被紧紧搂住，微微昂起头，以示赞同，而在其上的雄金步甲便用触角尖端抽打对方的脖颈。迅即交配完毕后，双方立即分开，各自跑去吃蜗牛，然后又各自另觅新欢，重结良缘，只要有雄金步甲即可。对于金步甲来说，生活的真谛即在于此。

在我养的金步甲园地里，男女比例失调，五只雌的对二十只雄的。但这并不要紧，没有什么争风吃醋的拼搏。雄性平和地占用、滥交遇上的雌性。有了这种忍让精神，雄金步甲早一天晚一天，机会多的是，经过多次相遇相试，每只雄金步甲都能泄掉自己的欲火。

我本想让雌雄比例趋于合理，但造成这种比例失调纯属偶然。初春时节，我在附近石头下捕捉遇上的所有金步甲，不问是雄是雌，而且仅从外部特征去看也挺难辨出雌与雄来。后来，在笼子里喂养之后，我知道了，雌性明显要比雄性大一些。所以说，我那金步甲园地里的雌雄比例严重失调实属偶然。可以相信，在自然条件下，雄性是不会比雌性多这么多的。

再说，在自然状态下，不会见到这么多金步甲聚在一块石头下面。金步甲几乎是独自生活的，很少看见两三只聚在同一个住所里。我的笼子里一下子聚着这么多实属例外，而且还没有导致纷争。玻璃屋中场地挺大，足够它们爬来爬去，自由自在，优哉游哉。谁想独处就可以独处，谁想找伴儿马上就能找到伴儿。

再说，囚禁生活似乎并不怎么让它们感觉厌烦，从它们不停地大吃大嚼，每日一再地寻欢交尾就可以看得出来。在野地里虽然自由，但没这么受用，也许还不如在笼子里，因为野地里的食物没有笼子里的丰盛。在舒适度方面，囚徒们也是身处正常状态，完全满足了它们的日常所需。

只不过在这里同类相遇的机会比在野地里多。这对雌性来说也许是个绝妙的机会，它们可以迫害它们不再想要的雄性，可以咬雄性的屁股，掏光它们的内脏。这种猎杀自己旧爱的现象因相互比邻而居而加剧了，但是肯定没有因此就花样翻新，因为这种习性并非是一时兴起造就的。

雌金步甲在野外遇见一只雄金步甲，交尾一结束，便把对方当成猎物，将它嚼碎，结束婚姻。我在野地里翻动过不少石头，可从未见到过这种场景，但是没有关系，我笼子里的情况就足以让我对此深信不疑了。金步甲的世界是多么残忍呀，一个悍妇一旦卵巢中有孕无须情人时，便把后者吃掉！这样的生殖法则下雄性被当成什么？竟然要受到如此残害！

这类相爱之后的同类相食现象是不是很普遍？目前来说，我已经知晓有三类昆虫是这样的情况：螳螂、朗格多克蝎和金步甲。在飞蝗这个种族中，情况还不太一样，它们没有这么残忍，因为被吃掉的雄性是死去的而非活着的。白额雌螽斯很喜欢一点儿一点儿地嚼其已死情人的大腿，绿蚱蜢也是这样。

在一定程度上，这里面有个饮食习惯的问题：白额螽斯和绿蚱蜢都是食肉的。遇见一具同类尸体，雌虫总是要吃上几口的，不管它是不是自己昨夜的情郎。猎物就是猎物，没有什么情郎不情郎的。

可是素食者又是怎么回事呢？接近产卵期，雌距螽竟冲着它那尚活蹦乱跳的雄性伴侣下手，剖开后者的肚子，大吃一通，直至吃饱为止。一向温情可爱的雌蟋蟀性格会突然变得暴戾，把刚刚还给它弹奏动情小夜曲的雄蟋蟀打翻在地，撕扯其翅膀，打碎它的小提琴，甚至还对小提琴手咬上几口。因此，很有可能这种雌性在交尾之后对雄性大开杀戒的情况是很常见的，特别是在肉食昆虫中间更为常见。这种残忍习性的形成到底是什么原因呢？如果条件允许的话，我一定要把它弄个一清二楚。

天　牛

年轻时，我曾经对著名的肯迪拉克的雕像顶礼膜拜。肯迪拉克认为天牛具有很强的嗅觉，它嗅着一朵玫瑰花，然后仅仅依靠所闻到的香气，便能产生各种各样的念头。对于这种推理，我曾经深信不疑了二十来年，对这位富有哲学思想的教士的神奇说教佩服得五体投地。我甚至以为，只要嗅一下这个伟人的雕塑，他就会活过来，还能使我增强视觉、记忆、判断等方面的能力。然而，经我的良师们——昆虫们的耐心教导，我抛弃了这种幻想。昆虫提出的问题比教士的说教更加深奥，更加使我受益匪浅。天牛将要告诉我的就是这种颇有教益的知识。

冬天即将来临，天老是灰蒙蒙的，这是明显的冬季来临的前兆。我开始储备树段、木头，以备过冬取暖之用。我还向樵夫们订购了一些被蛀虫蛀得千疮百孔的朽木树段。樵夫们以为我是个傻子，暗地里嘲讽我。我当然知道好木头更禁烧，但我买朽木树段自有用处，他们也就按照我的要求去做了。

我有了一些满是虫眼的树干，有的是一条条伤痕，有的是一道道深沟，树枝被咬烂，树干遭啃啮。我观察到，在干燥的沟痕里，各种要过冬的昆虫都已经做好了宿营的准备——吉丁已经准备好了扁平的长廊；壁蜂用嚼碎的树叶在长廊里为自己修建好了房屋；切叶蜂在前厅和蛹室里用树叶做好了睡袋。我在这一章中要介绍的天牛，正在多汁的树干里休憩，它可是毁坏橡树的罪魁祸首。

天牛的幼虫非常奇特，它们就像是一段段蠕动着的小肠。每年仲秋时节，我都能看到两种年龄段的天牛幼虫：年长些的幼虫有一根手指那么粗；年幼些的幼虫则粗如粉笔。此外，我也见到过颜色深浅各不相同的天牛蛹，以及一些完全成形的天牛。它们的腹部都是鼓鼓的。待到春暖花开，天气暖融融的时候，它们就会爬出树干。它们在树干里大约要生活三年。天牛是怎么度过这漫长孤独的囚徒似的生活的呢？它们缓慢地在粗壮的橡树干内爬行，挖掘通道，以挖掘出来的东西充饥。天牛的上颚如同木匠的半圆凿，黑乎乎的、短短的，但非常坚硬有力，虽无锯齿，却像一把边缘锋利的汤勺，是天牛用来挖掘通道的有力工具。被凿出来的木屑，经幼虫消化之后被排泄出来，堆积在其身后，留下一条被啃噬过的深痕。幼虫一边挖掘通道，一边进食。随着工程的进展，道路开通了；随着残渣不断地阻断了后路，幼虫不断地向前。就这样，幼虫既获得了食物，又得到了安身之所。

天牛幼虫将肌体的全部力量都集中到身体的前半部，使之成为杵头状，这样，两片半圆凿形的上颚便可顺利地进行工作。上颚既然充当挖掘的工具，就必须有很强的支撑力。天牛幼虫便用其嘴边围绕的黑色角质盔甲来加固它那半圆凿形的上颚。除了这硬硬的上颚以外，天牛幼虫身体其他部位的皮肤是非常细腻的，而且白如象牙。皮肤之所以如此细腻洁白，全都是其体内所含的丰富脂肪所致。确实，幼虫每天唯一要做的事就是不停地啃噬，不停地进入幼虫胃里的木屑再不断地给它补充营养。

幼虫的足分三个部分：第一部分呈圆球状，最后一部分呈细针状，这两部分都是退化的器官。它的足长只有一毫米，对于爬行并不起什么作用，因为身体肥胖，足够不着支撑面，连身体都支撑不住，又怎么能爬行呢？幼虫用来爬行的器官是另外一个。它既可以仰面爬行，也可以腹部冲下爬行，非常灵活自如。它用爬行器官取代了胸部那软弱无力的足。这种爬行器官与众不同，长在背部。

天牛幼虫的身体有七个环节，上下长着一个满是乳突的四边形平面。这些乳突可使幼虫随心所欲地膨胀、凸出、凹陷、摊平。上面的四边形平面又一分为二，从背部的血管处分开；下面的四边形平面则看不出有两个部分。这就是天牛幼虫的爬行器官。如果幼虫想要往前，它就得先让后部的步带鼓起来，也就是说，让背部和腹部的步带鼓起来，压缩前半部的步带。由于表面很粗糙，后面的几个步带便把身体固定在狭窄的通道壁上，以得到支撑。在压缩前面的几个步带时，幼虫尽量把身子伸长，缩小身体的直径，使身体能够向前滑动，爬行半步。当它走完一步时，它还要在身体伸长之后把后半部身子向前拖。为此，幼虫必须让前部步带鼓胀起来，作为支点，同时又让后部步带放松，让体节自由收缩。

幼虫凭借背部与腹部的双重支撑，交替收缩和放松身体，能够在自己所开凿的隧道里进退自如。但是，假如上方和下方的行走步带中只能动用一个时，幼虫就无法前进了。假如把幼虫放在表面很光滑的桌面上，它便会慢慢地屈起身子，动弹个不停，一会儿伸长身子，一会儿收缩身子，却总也无法向前爬去。等你把它放到有裂痕的橡树干上时，它便神气起来，因为橡树皮很粗糙，凹凸不平，像是被撕裂开似的，它可以在上面从左往右、从右往左地缓缓地扭动身子的前半部，抬起、放低，一再重复这一动作。这是幼虫最大的行动幅度。幼虫那已经退化的足一直都没有动，一点儿作用也起不了。

如果说这些残肢作为成年天牛的前身而存在的话，成虫那敏锐的眼睛在幼虫身上却丝毫未见雏形。在幼虫身上，看不到任何微弱的视觉器官的痕迹。幼虫生活在树干内，黑漆漆的一片，视力又有何用？与此同时，幼虫也没有听觉。在橡树树干那黑暗的深处，没有任何声响，与视觉一样，听觉自然也失去了作用。如果谁对此心存疑惑，我们不妨来做一个实验，以释疑解惑。我把树干剖开，留下半截通道，便可以跟踪、监视在树干里面劳作的居民。环境十分安静，幼虫忽而挖掘前方的长廊，忽而停下活计歇息一会儿。休息的时候，它便用步带将身子固定在通道的两壁上。我趁它休息之机想测试一下它对声音的反应。我先用硬物互相敲击，继而用金属击打发出回响，最后改用锉刀锉锯子，但是未见天牛幼虫有什么反应。它对这种种声响无动于衷，既不见它的皮肤有任何颤动，也不见它有何警觉的表现，即使我用尖尖的硬物刮擦它身旁的树干，模仿幼虫啃啮树干发出的声音，也不能奏效。这就足以证明天牛幼虫毫无听觉。

那么，天牛幼虫是否有嗅觉呢？各种情况都在表明它不具有嗅觉能力。嗅觉只是作为寻找食物的辅助功能，但天牛幼虫却用不着费心劳神地去寻找食物。它的住所就是它的食物，它所栖身的木头就在向它提供活命的东西。另外，我也对此做过实验。我找了一段柏树，把树干挖了一条沟痕，直径与天牛幼虫所挖掘的长廊的直径一样大小，然后，我把幼虫置于其中。柏树的气味浓重，具有大多数针叶植物的那种很浓烈的树脂味。当我把幼虫放到那条沟痕里去的时候，它很迅速地爬到了通道的尽头，然后就一动不动了。它的这种静止不动不正是它没有嗅觉的证明吗？天牛幼虫长期生活在橡树干里，树脂这种独特的气味应该引起它的不适或厌恶，它本应通过身体的颤动或逃跑的企图来表达自己的厌恶，但是它却没有做出这种反应。它在找到合适的位置后便立刻停下脚步，待着歇息了。然后，我又做了另外一个实验。我把一小包樟脑放在长廊里，离天牛幼虫很近，仍然未见它有什么反应。然后，我又用萘[①]做了同样的实验，结果依然与前面相同。做了这么多实验之后，我觉得天牛幼虫没有嗅觉是毋庸置疑的了。

当然，它肯定是有味觉的，只是这种味觉应该是残缺不全的。天牛幼虫在橡树树干中一直生活了三年，其食物很单一，就是橡树木纤维，别无其他。那么，幼虫对这唯一的食物又会有什么评价呢？顶多也就是吃到新鲜多汁的橡树干时会觉得很鲜美，而吃到干燥无汁的树干时便觉得没太大滋味罢了。

剩下的就是它的触觉了。它的触觉点分布得很散，而且是被动的。任何有生命的肉体都具有触觉，一旦被尖刺刺着，就会觉得疼痛，就会抽搐、扭曲。总之，天牛幼虫的感觉只有味觉与触觉，而且还都非常迟钝。

我不禁在想，既然如此，天牛幼虫这种消化功能很强但感觉功能极弱

① 萘（nài）：无色有特殊气味的晶体，可以驱虫。常用于制造卫生球、香料等。因为萘有毒性，现在卫生球已经禁止使用萘。

的昆虫，其心理状态又是怎样的呢？触觉与味觉会给那些已经退化的感觉器官带来些什么呢？很少，几乎什么也没有。天牛幼虫只知道，好的木头有一种收敛性的味道，未经精心刨光的通道壁会刺痛皮肤，仅此而已。这就是天牛幼虫的智力所能达到的最大限度。而肯迪拉克却错误地认为天牛可以回想往事，可以比较、判断，甚至推理。可是，现实中这个似睡非睡、似醒非醒的大腹便便的昆虫真的会回忆、会比较、会判断吗？我就认为天牛幼虫犹如一截会爬行的小肠，我觉得我的这一比喻十分贴切，天牛幼虫的全部感觉能力，就是一截小肠所能拥有的能力罢了。

不过，也别小看了这个小家伙，它虽然对自己的现状昏昏然，却能预知未来，具有神奇的预测能力。关于我这一奇怪的观点，请读者允许我慢慢地道来。在整整三年的时间里，天牛幼虫在橡树干里过着流浪的生活。它爬上爬下，忽而在这里，忽而又在那里。为了另一处的美味，它会放弃眼下正在啃噬的木块，不过它始终不会远离树干深处，因为那儿温度适宜，环境幽静而安全。当危险的日子来临时，它将被迫离开隐蔽所，去面对外界的种种危险。光吃还不够，它还得离开自己的居住地。天牛幼虫有着精良的挖掘工具和强健的身体，钻入另一处去躲灾避祸，对它来说并不困难。但是，未来的成虫天牛将去外界度过它那短暂的时光，它是否具有这样的能力呢？在橡树干内幽暗的环境中诞生的长角昆虫知道替自己挖掘一条逃离的通道吗？

这就需要天牛幼虫凭借自己的直觉去解决这一难题了。我又做了些实验，以弄清这一问题。在实验中，我发现，成年天牛若想利用幼虫挖掘的通道从树干深处逃逸，是不可能的事。天牛幼虫的通道犹如一座迷宫，十分复杂，非常长，不见尽头，而且还堆满了坚硬的障碍物；另外，其直径又是从尾部往前逐渐地缩小。幼虫钻入橡树干时，只有一段麦秸那么长那么细；而此刻它已变得如手指头一般粗细了。它在树干里三年的挖掘工作，始终是根据自己的身体大小进行的。结果不言自明，幼虫钻入树干的通道和行动路线对于成年天牛的离去已经起不了作用。成年天牛触角很长，足也不短，而且其甲壳也无法折叠，原先的那条通道对它来说已经是一个无法逾越的障碍；它若想将这条通道作为逃逸之路，就必须清除掉坑道内的障碍物，并且还要大大地拓宽通道。这么一来，倒不如另辟蹊径，挖掘一条新的通道更方便一些。但是，成年天牛有这种能力吗？我们不妨做个实验来观察一番。

我把一段橡树干一劈两半，并在其中挖掘出一些适合成年天牛的洞穴。在每一个洞穴中，我都放了一只刚刚成年的天牛。这些天牛是我十月份从冬储木柴中发现的。然后，我便把两半树干用铁丝紧紧地捆在一起。六月已经来到。只听见树干里传出敲击的声音。它们能够出来吗？它们是不是没法从里面逃出来呀？我原以为从里面逃出来对它们来说易如反掌，因为它们只要钻一个两厘米长的通道便可逃生。可是，我竟然未见一只天牛从树干里跑出来。等到听不见树干里面传来一点儿动静时，我颇觉蹊跷，便把捆着的树干松开，却发现里面的俘虏全都死了。洞穴里只有一小撮木屑，还不足抽了一口烟的烟灰量。这就是它们全部的劳动成果。

我对成年天牛的上颚估计过高，以为它是无坚不摧的利器，但是，好的工具并不一定就能造就一名好的工匠。尽管良好的挖掘工具在握，但长期隐居者缺少技艺，只好在洞穴里等死。然后，我又找了一些成年天牛，对它们进行比较缓和的实验。我把它们拘于直径与天牛的天然通道的直径相同的芦苇管里。我找了一层天然隔膜作为障碍物，这层膜很薄，只有三四毫米厚，一捅就破。经实验发现，有一些天牛能够从芦苇管里逃生，有一些则死于其中。这就说明，遇到障碍，勇往直前者胜。一层膜这么小的障碍都闯不过去，那待在坚硬的橡树干里的天牛岂不必死无疑？

从这些实验的结果来看，我相信，天牛成虫徒有其表，外强中干，靠自己的力量全然无力逃离树干监牢。劈开逃生门，还得仰仗貌不惊人的肠子状的天牛幼虫的智慧。这种情况告诉我们，天牛幼虫在以另一种方式再现卵蜂的壮举。卵蜂的蛹身上带有钻头，为以后长翅无能的成虫挖掘通道。天牛幼虫不知是由于何种神秘预感的驱动，离开其安然宁静的隐蔽所，离开其无法攻破的城堡，爬向橡树表面，不顾其正在寻找美味多汁的昆虫的天敌——啄木鸟对它的威胁。幼虫就这么冒着生命危险，勇敢无畏地挖掘着通道，一直挖到橡树表层，只留下一层薄薄的阻隔作为窗帘，遮挡自己。有些冒失的幼虫甚至把这块窗帘捅破，留出一个洞口。这儿就是天牛成虫的出口，它只需用上颚和额角轻轻地一触，就能把窗帘捅破，得以逃生。刚才已经说了，有的幼虫连窗帘也不留，干脆就留出一个洞口，天牛成虫无须劳作，便可直接逃离。每到春暖花开时，身披古怪羽饰、笨手笨脚的成虫便从黑暗中出来了。

天牛幼虫在把逃生之路准备完毕之后，又开始忙乎眼前的活计。挖好逃生通道，它就退回到长廊中不太深的地方，在出口一侧凿了一个蛹室。这间蛹室陈设豪华，壁垒森严，见所未见。蛹室为一扁椭圆形的宽敞的窝，长近百毫米，扁椭圆结构的两条中轴长度不同，横向轴长二十五到三十毫米，纵向轴则只有十五毫米。这么大的空间，比成虫的体积还要大，使成虫的足部可以自由伸展。打破壁垒逃出牢笼的时刻到来时，这样的蛹室是不会让天牛成虫感到有任何不便的。

这儿所说的壁垒是指蛹室的封顶，那是天牛幼虫为了防御外敌入侵而建造的。封顶有两层或三层。外层由木屑构成，那是天牛幼虫挖掘树干时留下的残留物；里面的一层是一个矿物质的白色封盖，呈凹半月形。通常，在最内侧还有一层木屑壁垒与前两层连在一起。有了这种多层壁垒的保护，天牛幼虫便可在房间里踏踏实实地为变成蛹做准备工作了。天牛幼虫从房间壁上锉下来一条条木屑，这便是细条纹木质纤维的呢绒。天牛幼虫又把这些呢绒贴回到房间四周的墙壁上去，铺成壁毯，厚度将近一毫米。这就是天牛幼虫在自己蛹室墙壁上挂的精细双面绒挂毯。我们不难看出，天牛幼虫为了变成蛹，不停地劳作，做了精心的准备。

我们再来看看这间房间布置得最奇特的那个部分——那层堵住入口的矿物质封盖。这个封盖是个椭圆形帽状封盖，呈白石灰色，系坚硬的含钙物质，内部十分光滑，外面有颗粒状突起，犹如橡栗的外壳。这种颗粒状突起表明，这层封盖是天牛幼虫用糊状物一口一口筑成的。由于无法触碰到封盖外部，幼虫无法加以修饰，因而外表凝固成了细小的突起。而内侧的那一面在天牛幼虫力所能及的范围内，被抹得光滑平整。这种封盖像钙一样，既坚硬又容易破碎。不用加热，它就能溶于硝酸，并且立即释放出气体。不过，溶解过程比较缓慢，一小块封盖往往需要几小时的时间才能逐渐地溶化掉。溶化之后，剩下一些泛黄的沉淀物质，看上去像是有机物。如果对封盖进行加热，它就会变黑，足见其中含有可以凝结矿物的有机物。如果在溶液中加入草酸，溶液会变得浑浊，并留下白色沉淀。这种情况说明，其中含有碳酸钙。我原想从中发现一些尿酸氨的成分，因为在昆虫变成蛹的过程中常见有尿酸氨存在，可是，我在封盖的溶液里，并未发现有尿酸氨。因此，我认为，封盖仅仅是由碳酸钙和有机凝合剂构成的，这种有机物大概是蛋白质，使钙体变得十分坚硬。

我相信，天牛幼虫的胃是分泌这些石灰质物质的器官，而这一能乳化的生理器官为幼虫提供了钙质。胃从食物里把钙分离出来，或者直接得到钙，或者通过与草酸氨的化学反应来获得。在幼虫期结束时，它便将所有的异物从钙中剔除，并将钙保存下来，留作构筑壁垒之用。这一点并不令人惊讶，某些芫菁科昆虫，如西塔利芫菁，通过化学反应能在体内产生尿酸氨；飞蝗泥蜂、长腹蜂、土蜂等，就是在自己体内生产茧所需要的生漆的。

通道修筑完工，房间粉刷装饰完毕，用三重壁垒封好之后，灵巧而勤劳的天牛幼虫便完成了自己的使命，挖掘工具也完成了其历史使命，幼虫便进入了蛹期。襁褓状态下的蛹十分虚弱，躺在柔软的睡垫上，头始终冲着门的方向。这一点看似无关紧要，实际上却至关重要。天牛幼虫身子柔软，伸缩翻转，随心所欲，因此，在这个小房间里，头无论朝向何方，都无关紧要。可是，从蛹中出来的天牛成虫却没有随心所欲地翻来倒去的自由，它浑身披挂着坚硬的角质盔甲，无法在小房间内将身体从一个方向转向另一个方向，甚至因房间太狭小，连弯曲一下身子都办不到。所以，它的头必须始终冲着出口，否则便会被困死在自己所建造的囚室里。

不过，不必担心发生这种意外，因为这节小肠向来知晓未雨绸缪，早就为将来做好了准备，不会出现头朝里进入蛹期的差错。到了该出洞的时节，向往光明的天牛面前没有太大的障碍，只不过是一些细碎的木屑，扒拉几下便可以清理掉。然后，便是那层矿物质封盖，它也用不着费心去把它打碎，只要用其坚硬的前额一顶，或者用脚一推，封盖便会整体松动，从框框里脱落。我发现，被弃置的封盖全都完好无损。最后就是那第二层由木屑构成的壁垒了，这更不在话下，比第一层更加容易清除。这么一来，通道畅通，天牛成虫只要沿着通道便可准确地爬到出口。如果窗帘没有被掀开，它只需用牙一咬，那层薄薄的窗帘也就破了，这对它来说易如反掌。它终于走出了黑暗，见到了光明，它那长长的触角由于激动，不停地颤抖着。

萤火虫

在我们这个地区，萤火虫可谓无人不知，无人不晓，没有什么昆虫像它那么家喻户晓。这种人见人爱的小东西，为了表达生活的欢乐，竟然在屁股上面挂了一只小小的灯笼。炎热的夏夜里，没有人没见过它。古代希腊人把它称为“朗皮里斯”，意为“屁股上挂灯笼者”；法语中则称它为“发光的蠕虫”。其实，萤火虫绝对不是什么蠕虫，即使从外表上来看，它也不像蠕虫。它有六只短小的脚，而且十分明白如何使用自己的脚。它是可以用小碎步奔跑的昆虫。雄萤火虫发育完全后，如同真正的甲虫，长着鞘翅。但雌萤火虫无此造化，享受不到飞翔的快乐，终身保持着幼虫的形态。[①]不过，雄萤火虫在尚未到达交尾期之前，形态也是不完全的。即便如此，称它为“蠕虫”也是不恰当的。法国有句俗语叫“像蠕虫一样一丝不挂”，用以形容身上未穿任何衣物；但是，萤火虫是穿着衣服的，也就是说它有略为坚韧的外皮，而且有斑斓的色彩，身体呈棕色，胸部呈粉红色，环形服饰的边缘还点缀着两个红红的小斑点。这怎么会是蠕虫呢？

我们先来看看萤火虫以什么为生吧。萤火虫看上去既小又弱，像是与

① 并不是所有种类的雌萤火虫都没有翅膀，水生萤火虫黄缘萤的雌雄成虫就都有翅膀。法布尔所在的时代，可能还未发现有翅的雄萤品种或者已发现但法布尔并不清楚，所以有上文的不恰当论断。

他人无害，可它却是最小的肉食动物，是猎取野味的猎手，而且捕猎时相当狠毒。它的猎物通常是蜗牛。昆虫学家们早已知道萤火虫的这一习性。但是，我从他们书中的介绍中总感到人们对这一点了解得很不充分，特别是对萤火虫奇怪的攻击方法几乎一无所知。

萤火虫在啃啮猎物之前，先将猎物麻醉，使猎物失去知觉。它的猎物通常是很小的蜗牛，个头儿还没有樱桃大，是处于变形状态的蜗牛。夏日里，这种蜗牛一大群一大群地聚集在稻子和麦子的茎秆上，或者其他植物的干枯的长茎上，在上面一动不动地待上整整一个炎热的夏季。正是在这种时候，蜗牛处于这种状态，我不止一次地观察到萤火虫对猎物发动攻击，对其施以灵巧的外科麻醉手术，使猎物在颤动着的茎秆上昏死过去，然后对猎物下口，美餐一顿。

萤火虫对其猎物的其他藏身处所也了如指掌。它经常飞到沟渠旁边，因为那儿土地潮湿，杂草丛生，是蜗牛喜爱的栖身之所。在这种情况下，萤火虫便在地上对蜗牛施以麻醉手术。我在家中也饲养了一些萤火虫，它们很容易被捕捉到，也很容易喂养，因此，我可以仔细地观察研究这位外科医生做手术的详细过程。

我在一个大玻璃瓶里放上一些草，把捉到的几只萤火虫和几只蜗牛也放了进去。蜗牛个头儿正合适，不大不小，正在等待变形，正符合萤火虫的口味。我寸步不离地监视着玻璃瓶中的情况，因为萤火虫攻击猎物是瞬间发生的事情，不高度集中注意力，必然会错过观察的机会。

我终于看到了。萤火虫稍微探了探捕猎对象。蜗牛通常全身藏于壳内，只有在壳的外面露出一点点外套膜的软肉。萤火虫见状，便立刻打开它那极其简单、用放大镜才能看到的工具。这是两片呈钩状的颚，锋利无比，细若发丝。用显微镜观察，可见弯钩上有一道细细的小槽沟，这就是它的工具。它用这种外科手术器械不停地轻轻击打蜗牛的外套膜，其动作不像在做手术，而像在与猎物亲吻。用孩子们的话来说，它像在与蜗牛“拉钩”。它在拉钩时，有条不紊，慢条斯理，每拉一次，都要稍事休息片刻，似乎是在观察拉钩的效果。它拉钩的次数并不多，顶多五六次，就足以把猎物制服，使之动弹不得。然后，它就要动嘴进食了，它很可能也要用弯钩去啄，因为我几次都未观察清楚，所以对这一点我说不太准。总之，萤火虫在施行麻醉手术时动作麻利、快如闪电，效果立竿见影。不用问，它利用带细槽的弯钩已经把毒液注入蜗牛体内，使之昏死过去了。

我检查了一下猎物。在萤火虫与蜗牛拉了四五次钩之后，我便立即从萤火虫口中夺下它的猎物，用针尖儿刺蜗牛的前部，即蜗牛暴露在壳外的身体。蜗牛没有任何反应，仿佛一具没有生气的尸体。

我还发现一个令我信服的例子。有一次，我幸运地看到一只蜗牛正在爬行，其足正在蠕动着，突然，萤火虫向它发动了袭击。蜗牛十分惊慌，乱动了几下，然后便一动不动了。它的足不再蠕动，身体的前部也失去了如同天鹅脖颈那种优美的弯曲状，触角软软地耷拉下来，如同一根被折断的手杖。它一直保持着这种状态。

蜗牛是否真的被蜇死了呢？没有，根本没有。我可以让这只表面上看似已死的蜗牛活过来。我把这个处于半死不活状态的病人隔离开，给它洗了个澡，尽管这对于取得实验的成功并非绝对必要。

两天后，这只被萤火虫施行麻醉手术的蜗牛终于复活了，它又能动弹了，又有感觉了。我用针尖儿刺它，它有反应，它开始蠕动、爬行、伸出触角，仿佛什么危险都没有发生过。那种昏昏沉沉、如死一般的全麻状态已经消失，它苏醒过来了。

对于蜗牛这样一个与世无争、平和温驯的对手，萤火虫又何必先要对其施行麻醉手术呢？这使我想起了另一种昆虫，名叫德里尔虫，生活在阿尔及利亚。虽说这种昆虫不会发光，但其身体结构，尤其是在习性方面，与法国的萤火虫却颇为相似。德里尔虫以陆生软体动物为食，它所捕食的是一种圆口类的动物。这种动物长着美丽雅致的陀螺形外壳。一块结实的肌肉把一个石质封盖固定在这种圆口类动物身上，这个石质封盖把甲壳闭合得严严实实。这个封盖是个活动的门。居于甲壳内的隐居者只需缩回身子，封盖便立即盖上。当隐居者想要外出时，此门也很容易打开。德里尔虫被黏附器（我们下面将会看到萤火虫也具有这种装备）固定在蜗牛的甲壳表面，耐心地等待着、窥伺着，等着甲壳里面的蜗牛憋不住露出身子，便立刻冲到门边，把门挡住，使门关不上，它自己再进入门内，占领这个城堡。我并没有经常见到这种德里尔虫，但我认为它的进攻策略与我们的萤火虫颇为相似——它钻进甲壳内，身子扭动几下，里面的隐居者也就丧失了反抗能力。

我们还是回过头来谈谈我们的萤火虫吧。如果蜗牛在地上爬行，甚至就龟缩在壳里，萤火虫袭击它是很容易的事，因为蜗牛的壳没有封盖，而且，蜗牛身体的前部暴露在壳外，因此它无法自卫，很容易被伤害。即使蜗牛待在高处，紧贴在一株禾本植物的茎秆上，或者紧贴在一块光滑的石头上，袭击者无从下手，但是，只要这个外界的封盖稍有缝隙，它仍然难逃厄运。

萤火虫施行麻醉手术时，总是非常小心、轻手轻脚地对待它的猎物，不想引起猎物的注意，免得猎物挣扎、乱动，从高处掉到地上。如果猎物掉到地上，萤火虫也就不会再想方设法地寻找它了，因为它只是依靠运气去捕捉落入口中的猎物，而不想费心去寻找。因此，萤火虫在发动袭击的时候从不掉以轻心，总是小心谨慎地不让猎物感到疼痛，使其肌肉失去反应，否则猎物会从高处掉下来，到嘴的猎物便不见了。由此不难看出，突然对猎物施行深度麻醉，一击即中，是它捕捉猎物的绝招。

萤火虫如何享用猎物呢？它是不是真的吃它？也就是说，它是不是把蜗牛切成细小的碎块，然后用所谓的咀嚼器把它们嚼烂咽到肚子里去？我看并非如此。我所捕捉到的萤火虫，嘴上从未有固体食物的碎渣细末之类的。萤火虫的“吃”，并不是真正意义上的那种吃，而是吮吸，如同蛆虫把猎物化为汁液，然后吸入肚里一样。与双翅目昆虫爱吃肉的幼虫一样，萤火虫也是先把猎物变为流质，对其进行液化处理、加工，然后食用。我把我所见到的萤火虫进食的过程介绍如下：

萤火虫对蜗牛施行了麻醉。它几乎总是单独操作，即使遇到一只个头很大的蜗牛，它也不找助手。在它施行完麻醉手术后，总会有宾客不请自来，两三位，四五位，甚至更多。众宾客来到餐桌前，与食物的真正主人并无纷争，毫不客气地尽情享用，不分彼此。两天后，主人与食客都离去了，我便把蜗牛壳口冲下翻倒过来，只见壳里的东西像锅口朝下倒浓汤似的全流了出来。主客吃饱喝足之后，把残羹剩饭撇下了。

事情很明显，我先前所说的拉钩之后，也就是萤火虫东一下西一下地轻轻拍击蜗牛之后，蜗牛昏死过去。然后，众宾客齐上阵，都用特有的消化素对猎物进行加工，最后，蜗牛肉便变成了蜗牛肉粥。接着，大家一起尽情享用，尽兴而去。这样看来，萤火虫嘴上的那两只弯钩是其进攻猎物的利器，它将钩刺入猎物体内，注入麻醉剂，并使猎物的肉质液化，而这麻醉剂很有可能就是萤火虫的体液。在放大镜下仔细观察，可以很清楚地看到它的这种微型器械，我觉得它们不像钩子。它们的中心是空的，与蚁蛉[①]的那对工具颇为相似；蚁蛉就依靠这种工具吸食猎物的肉，而并不把猎物肉切成小细块。不过，萤火虫又与蚁蛉的表现不同：蚁蛉用餐完毕后，会从沙地的漏斗状陷阱中抛出大量丰盛的食物；而萤火虫有液化装置，绝不糟蹋食物，或者说，几乎不糟蹋食物。二者掌握着类似的工具，但是，一个是用来吮吸猎物的血液，而另一个则采用液化设备使食物变成流质，全部食用。

有时候，蜗牛所处的位置不太好，难以保持平衡，但是，萤火虫动作敏捷，干净利落地就把它处理完了。我透过喂养着萤火虫的那个大口玻璃瓶，清楚地看到了全过程。大口瓶上盖着一块玻璃，蜗牛沿着玻璃瓶内壁往上爬，一直爬到瓶口边沿才停下来，用少许黏液把壳体粘挂在那儿。它只是在做短暂的停留，所以舍不得用太多的软体组织生产的胶黏剂。这样一来，只要稍微震动一下瓶子，蜗牛壳口就会松脱，蜗牛就会从粘挂的地方摔到瓶底。

我看到瓶子里的那只萤火虫依靠某种攀缘器官沿着瓶子内壁向蜗牛爬去，这种攀缘器官弥补了萤火虫此刻足爪功能的缺陷。萤火虫来到蜗牛的

---

① 蚁蛉：脉翅目蚁蛉科昆虫的通称。成虫很像蜻蜓，体细长，翅狭。幼虫称蚁狮，因其倒着走，又称“老倒”“倒刺”“沙猴”等。幼虫在树荫或檐下沙地中造漏斗状陷阱，潜伏于阱底，捕食误落陷阱的蚂蚁等昆虫。

身旁，找到了一处可以下手的缝隙，便轻轻地拍击了几下躲在缝隙内的蜗牛，使它昏死过去，随即开动其液化装置，使蜗牛肉变为蜗牛肉汤，然后美美地吮吸起来。

当萤火虫吃饱喝足之后，蜗牛就剩下一具空壳了。这只空壳虽然只用了少许黏液粘在玻璃上，却仍然牢牢地粘在那里，没有丝毫的移位。壳中的那个隐居者没有挣扎，没有反抗，一点儿一点儿地从固态变成了液态，全都从萤火虫开始发起攻击的那个点上流了出来，流得干干净净。由此，我们不难看出，萤火虫的麻醉手术之高超、快速，简直让猎物防不胜防。而且，我们还可以看出，萤火虫吃蜗牛的手段之奇妙令人叫绝，竟没有让蜗牛空壳从极其光溜而又垂直的玻璃瓶内壁上掉落下来，甚至没有让只有些许胶粘着的空壳发生丝毫的晃动、移位，这真是不可思议。

萤火虫要在玻璃上或草茎上攀爬，它那又短又笨的爪子显然无法承担这一重任，必须拥有一种特殊的工具。这种特殊工具必须不怕光滑，能攀住无法抓住的物体。萤火虫确实拥有这种特殊工具。它的后腿末端有一个白色的点儿，用放大镜仔细观察，可以看到那上面约有十二根很短小的肉刺，它们有时收拢起来，缩成一团，有时又伸展开来，好似玫瑰花瓣。这就是它的吸附并移动的器官。萤火虫想要把自己附着在某个地方，甚至是附着在极其光滑的表面上，比如固着在禾本植物的茎秆上，它就把这十二个短小的肉刺展开，呈玫瑰花瓣状，牢牢地铺展在所吸附的物体上，用身体的黏性把自己紧紧地黏附在支撑物上。这个特殊器官通过抬高和放低、张开和闭合，帮助萤火虫行走。总而言之，萤火虫可以说是一个双腿残疾者，它在自己的后腿上放上一朵漂亮的白色玫瑰花——一种没有关节、可向四下里活动、有十二个趾肢节的爪子，而这种管状的趾肢节并非抓住而是黏附着物体。这个器官还有一个用途，它可以当作海绵和刷子使用。萤火虫在进餐之后，便用这把刷子刷头、背、尾及身体两侧。它之所以全身上下地刷来刷去，是因为它的脊椎很柔韧，可以弯来弯去，哪儿都能够着。萤火虫在对全身进行擦拭时，非常仔细，一处不漏，足见它对这种运动颇感兴趣，乐此不疲。它这样做的目的究竟是什么呢？很显然，它是要擦去沾在身上的灰土或者蜗牛肉的残渣。

如果萤火虫只会像亲吻似的轻拍蜗牛，对它施行麻醉手术，而没有其他什么本领，它也就不会这么出名，这么家喻户晓了。它真正名扬四海的原因在于它能在尾部亮起一盏明灯。我们来特别仔细地观察一番雌萤火虫吧。它在达到婚育年龄，在夏季酷热期间发出亮光的过程中，一直保持着幼虫状态。它的发光器位于腹部的最后三节处。其中前两节的发光器呈宽带状，另外一个发光组群是最后一个体节的两个斑点。只有发育成熟的雌萤火虫才具有那两条宽带；未来的母亲用最绚丽的装束来打扮自己，擦亮了这光灿灿的宽带，以庆贺自己的婚礼，而在此之前，自刚孵化的时候起，它只有尾部的发光斑点，这种绚丽的彩灯显示着雌萤火虫惯常的身体变态。身体的变态使萤火虫长出翅膀，能够飞翔，从而宣告其生理演变过程的结束。这盏光灿灿的灯点亮时，还标志萤火虫交尾期即将来临。之后，雌萤火虫就没有了翅膀，不能再飞翔，一直保持着这种幼虫的卑屈形态，但是，它的那盏明灯却始终亮着。

雄萤火虫则有所不同，它得到了充分的发育，改变了形态，拥有鞘翅和翅膀。与雌性一样，从孵化时起，它的尾部就有这盏明灯。总之，萤火虫不管是雌性还是雄性，不管是处在发育时期的什么阶段，其尾部均可发光，这就是整个萤火虫家族的一大特点。[①] 而且，这个发光点从背部或腹部都可以看见。但只有雌萤火虫才有的那两条宽带，只在腹部下面发光。

我的手和眼仍然很听使唤，做起解剖来还算得心应手，因此，我便想解剖一下萤火虫的发光器官，以便彻底搞清楚其构造。我终于成功地把一根发光宽带的大部分剥离开来。我在显微镜下仔细地观察了这条宽带，发现其上有一种白色涂料，由极其细腻的黏性物质构成。这种白色涂料显然就是萤火虫的光化物质。紧靠着这白色涂料的是一根奇异的气管，主干很短但很粗，下面长了不少细枝，延伸至发光层上，甚或深入体内。

发光器受到呼吸气管的支配，发光是氧化导致的。白色涂层提供可氧

① 并不是所有萤火虫都可以发光，有极少数萤火虫成虫阶段不会发光。

化的物质，而长有许多细枝的粗气管则把空气送到这种物质上。现在，我很想搞清楚这个涂层的发光物质究竟为何物。起初，人们以为那是磷，还把它燃烧以化验其成分；但是，据我所知，这种办法并没获得理想的效果。显然，磷并非萤火虫发光的原因，尽管人们有时把磷光称为荧光。这个问题的答案肯定不在这里，而在他处。

萤火虫能够随意地散布它的光亮吗？它能否随意地增强、减弱、熄灭其亮光呢？它是怎么做的呢？它有没有一个不透明的屏幕朝着光源，把光源或遮住或暴露呢？现在，我们对这个问题已很清楚，萤火虫并没有这样的器官，这样的器官对它来说是没有用的，它拥有更好的办法来控制它的明灯。若想增强光的亮度，遍布光化层的光管就会加大空气的流量；如果它把通气量减少甚至停止供气，光就变弱，甚至灯会熄灭。总之，这个机理犹如油灯的机理，其亮度是由空气进入灯芯的量来调节的。

遇到激动的情况，气管就运作起来，灯也就亮了。需要加以区别的是光带和尾灯这两种情况。其一，发光的是那漂亮的宽带，即已到婚育年龄的雌萤火虫独特的饰物；其二，也就是那盏尾灯，萤火虫无论雌雄，无论长幼，都在其最后一个体节上点着一盏小灯。在后一种情况下，由于突然的惊恐不安，萤火虫的情绪发生变化，这盏尾灯完全地或近乎完全地熄灭。我在夜晚曾经捕捉过萤火虫，眼见那盏尾灯在草上发着亮光，可是，只要我稍不留神碰着了那棵草，草一晃动，灯立即就熄灭了，我想要捕捉的这只昆虫也就不见了踪影。但是，即使受到惊吓，发育完全的雌萤火虫身上的宽光带也丝毫不受影响，照样亮着。

我捉了几只雌萤火虫，把它们关进笼子里，放到屋外，笼子旁边放了一把枪。我放了一枪，但是枪声并未产生效果，宽带依旧发光，与没有放枪前一样明亮。然后，我又用喷雾器把水雾喷洒到它们身上，它们身上的光带依然亮闪闪，没有熄灭，顶多也就是亮度上有短暂的减弱而已，而且只是个别的雌萤火虫这样，并不是每只都如此，我猛抽了一口烟，把烟吹进笼子里，光带的亮度倒是更弱了，甚至灭了一会儿，但时间非常短暂。很快，萤火虫便平静下来，恢复了常态，灯又亮了起来，而且比先前还要明亮。这之后，我又抓住它，把它翻过来倒过去地折腾，又轻轻地摆弄它，只要是捏得不太重，它照旧发光，亮度也保持不变。即将处于交尾期的萤火虫，对于自己的灯的光亮沾沾自喜，如果没有极其严重的情况发生，它们是不会把自己的灯完全熄灭的。

从各种实验的结果来看，极其明显的是，萤火虫是自己控制着身上的发光器，可以随意地使之或亮或灭。不过，在某种情况下，有无萤火虫的调节都无关紧要。我从其光化层上弄下来一块表皮，放进玻璃管里，用湿棉花把管口堵住，免得表皮过快地蒸发干。只见这块表皮仍在发光，只不过其亮度不如在萤火虫身上那么强而已。在这种情况下，有无生命并不要紧。氧化物质，亦即发光层，是与其周围空气直接接触的，无须通过气管输入氧气，它就像真正的化学磷一样，与空气接触就会发光。还应该指出的是，这层表皮在含有空气的水中所发出的亮光，与在空气中所发出的亮光一样。不过，如果把水煮沸，没了空气，那么表皮的光就熄灭了。这就更加证明，萤火虫的发光是缓慢氧化的结果。

萤火虫发出来的光呈白色，很柔和，这种光虽然很亮，却不具有较强的照射能力。在黑暗处，我用一只萤火虫在一行印刷文字上移动，可以清楚地看出一个个字母，甚至可以看出一个不太长的词儿来，但是，在这小小的范围之外的一切东西，就看不见了；因此，夜晚，以萤火虫为灯看书，那是不可能的。

如果把一群萤火虫放在一起，让它们彼此紧挨着，每只萤火虫都发着光，那么它们的光就会通过反射照亮旁边的萤火虫，我们似乎也就能够看清一只只萤火虫了。但是，事实又并非如此。这群萤火虫只是杂乱无章地聚集在一起，就算彼此离得很近很近，我们也无法看清萤火虫的模样，因为所有的亮光把萤火虫都混在了一起，成了模模糊糊的一片。

我通过照相技术非常清楚地证实了这种情况。我用金属网钟形罩罩住二十来只充分发光的雌萤火虫，把它们置于露天里。有一丛百里香插在罩子中央，形成一小片林子。夜晚时分，那二十来只雌萤火虫全都爬到罩子顶上去了；它们在竭力地朝着各个方向展示它们那发光的服饰。因此，沿着百里香小枝形成了一串串花序。我指望这一串串花序能够对底板和相纸产生作用，但是我未能遂愿，只得到了一些不成形的白色斑点，根据萤火虫群体的不同情况，有些地方浓些，有些地方浅些，而萤火虫的模拟斑点却一点儿也没有显现，连百里香丛的痕迹也没有显现出来。因缺乏充足的光照，美妙如画的光彩只显现出一团模糊不清、黑乎乎的水浆似的东西来。

由此看来，雌萤火虫的灯光并不是用来照明的。那么，它到底是干什么用的呢？我想，它是用来召唤情郎的。但是，雌萤火虫的灯是在其肚子下面冲着地面发光的，而雄萤火虫则是随意乱飞，它在上面，在空中，有时在老远的地方往下看，应该说它是看不见雌萤火虫的那盏灯的。但是这种不正常的情况被巧妙地予以纠正了。雌萤火虫自有其高明的调情手段。每天晚上，天完全黑下来的时候，被我拘于钟形罩里的囚徒们就前往我用作监狱的百里香丛。到了这个花丛中，它们便爬到显现得很清楚的细枝上，不像在灌木丛下时那样老老实实地待着，而是在那儿做着激烈的体操运动，一个个把小屁股扭来扭去，一颠一颠地，朝这边扭一下，再朝那边扭一下，把灯光向各个方向打去，这么一来，寻偶求欢的雄萤火虫从附近经过时，无论是在地上还是在空中，肯定都能看到这盏随时都在亮着的灯。这一招有点儿像旋转镜子捕捉云雀的运作方式。这面旋转小镜静止不动时，云雀对它并无反应，但是，只要它旋转起来，把它的光弄成了迅速闪动的碎裂的光亮，云雀见了就会激动起来。

雌萤火虫自有召唤求欢者的绝招，而雄萤火虫也不甘示弱，它有一种光学器具，能够老远就看到雌萤火虫那盏灯所发出的最微弱的光。其护甲胀大成盾形，大大地高出了头部，像帽檐或灯罩似的伸向前去，它的作用就在于缩小视野，把目光集中于需识别的光点上。而在其颅顶下面长着两只大眼睛，非常鼓凸，呈球冠形，彼此接近，中间只有一条狭窄的槽沟，以便收放触须。它的这种复眼几乎占据了它的整个面孔，缩在大灯罩所形成的空洞里，真像库克普罗斯[①]的眼睛。

---

① 库克普罗斯：古希腊传说中的独眼巨人，掌管雷电。

雌雄交配的时候，那盏灯的灯光会变弱，几近熄灭，只有尾部那盏小灯还亮着。春暖花开的时节，田野里，昆虫们都在求欢寻爱，低吟婚庆颂歌，陶醉于欢爱之中，萤火虫的这盏尾灯虽能通宵达旦地亮着，但是也没有哪位去注意它，不会发生任何危险。待交配完毕，萤火虫便立刻产卵，它们并无夫妻感情，没有什么家庭观念，没有慈母之爱，它们把白白、圆圆的卵产在——或者更确切地说是抛撒在——随便什么地方。

有一点非常奇怪：萤火虫的卵，甚至还在其母亲的体内时，就会发光。如果我在捕捉时不小心捏破了雌萤火虫装满卵的肚子，就会看到一道道汁液闪闪发光地流在了我的指头上，好像我把一只装满磷液的囊捏破了似的。我用放大镜仔细观察，那确实是被挤出卵巢的虫卵所发出的光亮。此外，临产时，卵巢里的荧光已经显现出来了，雌萤火虫肚皮表面已经透着一种柔和的乳白色的光。

卵产下不久就会孵化。萤火虫幼虫无论雌雄，尾部都有一盏小灯。寒冬将至时节，幼虫将到地下不太深、顶多也就是三四寸深的地方。我在大冬天里从地下挖出过几只幼虫，发现它们的尾灯一直亮着。四月将要来临，天气转暖，幼虫便钻出地面，继续完成其变化过程。

总而言之，我通过观察研究得知，萤火虫自出生之日起一直到寿终正寝时止，一直在发光——它的卵在发光，它的幼虫在发光；雌萤火虫亮着的是华丽的灯；雄萤火虫保留着幼年时期那盏已有的小灯。对于雌萤火虫的光带的作用，我可以说已经有所了解，那么，它的尾灯又是干什么用的呢？我很遗憾地说，我尚不得而知。昆虫物理学要比我们书本上的物理学更加深奥，这个问题可能在很长的时间里，甚至在永远的将来，也都会是个不解之谜。

隧　蜂

你了解隧蜂吗？你大概不了解。这无伤大雅，即使不了解隧蜂，你照样可以品尝人生的种种温馨甜蜜。然而，只要我们努力地去了解，这些不起眼的昆虫就会告诉我们许多奇闻趣事。再者，如果我们对这个纷繁的世界拓宽一点儿我们的知识面，同隧蜂打打交道并不是什么让人鄙夷的事。既然我们现在有空闲的时间，那就了解了解它们吧。它们值得我们去了解。

怎么识别它们呢？它们是一些酿蜜工匠，体形一般较为纤细，比我们蜂箱中养的蜜蜂更加修长。它们成群地生活在一起，身材和体色又多种多样。有的比一般的胡蜂个头儿要大，有的与家养的蜜蜂大小相同，甚至还要小一些。这么多种类的隧蜂，会让没经验的人束手无策，但是，有一个特征是永远不会改变的——任何隧蜂都清晰可辨地烙有本物种的印记。

你看看隧蜂肚腹背面腹尖上那最后一节腹环。如果你抓住的是一只隧蜂，那么在这节腹环上则有一道光滑明亮的细沟。当隧蜂处于防卫状态时，细沟则忽上忽下地滑动。这条似出鞘兵器的滑动细沟证明它就是隧蜂家族中的一员，不必再去辨别它的体形、体色。在有螫针的昆虫中，其他任何蜂类都没有这种新颖独特的滑动细沟。这是隧蜂的明显标记，是隧蜂家族的族徽。

四月份，工程谨慎小心地开始了。如果不是有一些新土堆成的小包出现的话，外面是一点儿也看不出来的。外面工地上没有一点儿动静。工匠们极少跑到地面上来，因为它们在井下的工作十分繁忙。有时候，这儿那儿，有这么一个小土包的顶端晃动起来，随即便顺着圆锥体的坡面滑落下去。这是一个工匠造成的，它把清理的杂物抱出来，往土包上推，但它自己并没露出地面。眼下，隧蜂只忙这种事。

五月带着鲜花和阳光来到了。四月里的挖土的工匠现在变成了采花工。我无论何时都能够看见它们待在开了天窗的小土包顶上，个个都浑身沾满黄花粉。个头儿最大的是斑纹蜂，我经常看见它们在我家花园小径上筑巢建窝。我们仔细地观察斑纹蜂。每当它们干储存食物的活的时候，总会不知从何处突然飞来这么一位吃白食者。它将让我们目睹强抢豪夺是怎么回事。

五月，上午十点左右，当人们储备粮食的工作干得正欢时，我每天都要去察看一番我那人口稠密的昆虫小镇。我坐在太阳地里的一把矮椅子上，弓着腰，双臂支膝，一动不动地观察着，直到吃午饭时。引起我注意的是一个吃白食者，它是一种我叫不上名字的小飞蝇，却是隧蜂凶狠的暴君。

这歹徒有名字没有？我想应该是有的，但我却并不太想浪费时间去查询这种对读者来说并没多大意义的事情。与其花时间去弄清枯燥的昆虫分类词典上的解说，倒不如把清楚明白的事实叙述给读者。我只需简略描绘一下这个罪犯的体貌特征就可以了。它是一种身长五毫米的双翅目昆虫，眼睛暗红，面色白净，胸廓深灰，上有五行细小黑点，黑点上长着后倾的纤毛，腹部呈浅灰色，腹下苍白，爪子呈黑色。

我在观察隧蜂的过程中发现，其周围这种双翅目昆虫的数量很多。它们常常蜷缩在一个地穴附近的阳光下静候着。一旦隧蜂收获归来，爪上沾满黄色花粉，吃白食者便冲上前去，尾随隧蜂，前后左右飞来转去，紧追不舍。最后，隧蜂突然钻入自家洞中，这双翅目食客也随即迅速落在洞穴入口附近。它一动不动地，头冲着洞门，等待着隧蜂干完自己的活计。终于隧蜂又露面了，头和胸廓探出洞穴，在自家门前停留片刻。那吃白食者仍旧纹丝不动。它们常常是面对面，间隔不到一指宽。双方都不动声色。隧蜂没有戒备伺机偷食的食客，至少其外表上的平静让人这么想；而食客也丝毫没有担心自己的大胆行为会受到惩罚。面对一根指头就能把它压扁的“巨人”，这个“侏儒”却仍旧岿然不动。

我本想看到双方有哪一方表现出胆怯来，但却未能如愿：没有任何迹象表明隧蜂已知自己家里有遭到打劫之虞；而食客也没有流露出任何因会遭到严厉惩处而产生的担忧。打劫者与受害者双方只是对视了片刻而已。

身材巨大的、宽宏大量的隧蜂只要自己愿意，就可以用利爪把这个毁其家园的小强盗给开膛破肚，可以用大颚压碎它，用螫针扎透它，但隧蜂压根儿就没这么干，而是任由那个小强盗血红着眼睛盯住自己的宅门，一动不动地待在旁边。隧蜂表现出这种愚蠢的宽厚到底是为什么呢？

隧蜂飞走了。小飞蝇立刻飞进洞去，像进自己家门似的大大方方。现在，它可以随意地在储藏室里挑选了，因为所有的储藏室大门都敞开着；它还趁机建造了自己的产卵室。在隧蜂归来之前，没有谁会打扰它。让爪子沾满花粉、嗉囊中饱含糖汁，对隧蜂而言是件颇费时间的活计，而私闯民宅者要干坏事也必须有充裕的时间。但罪犯的计时器非常精确，能准确地计算出隧蜂在外面的时间。当隧蜂从野外返回时，小飞蝇已经逃走了。它飞落在离洞穴不远的地方，待在一个有利位置，瞅准机会再次打劫。

万一小飞蝇正在打劫时被隧蜂撞见，会怎么样呢？出不了大事的。我看见一些大胆的小飞蝇跟随隧蜂钻入洞内，并待上一段时间，而隧蜂则正忙于调制花粉和蜜糖。当隧蜂掺兑甜面团时，小飞蝇尚无法享用，它便飞出洞外，在门口等待着。小飞蝇回到太阳地里，并无惧色，步履平稳，这就明显地表明它在隧蜂工作的洞穴深处并未遇到什么麻烦事。

如果小飞蝇太性急、太讨厌，围着糕点转个不停，后颈上准会挨上一巴掌，这是糕点主人仅有的举动，但也就仅此而已。盗贼与被偷盗者之间没有发生严重的打斗。这一点，从侏儒步履平稳、安然无恙地从忙着干活儿的巨人洞穴出来的样子就能看得出来。

当隧蜂满载而归或一无所获地回到自己家中时，它总要迟疑片刻，而后迅速地贴着地面前后左右地飞上一阵。它的这种胡乱的飞行让我首先想到的是，它在试图以这种凌乱的轨迹迷惑歹徒。它这么做确实是必要的，但它似乎并没有那么高的智商。

它所担心的并非敌人，而是寻找自家宅门时的困难，因为附近的小土包一个又一个，相互重叠，昆虫小镇街小巷窄，再加上每天都有新的杂物被清理出来，小镇面貌日日有变。它的犹豫不决明显可见，因为它经常摸错门，闯到别人家中。一看到门口的细微差异，它就立刻知道自己走错门了。

于是，它又开始努力地弯来绕去地探查，有时突然飞得稍远一点儿。最后它终于摸到自家宅穴。它喜不自胜地钻了进去，但是，不管它钻得有多快，小飞蝇还是待在其宅门附近，脸冲着门口，等待着隧蜂飞出来后，好进去偷蜜。

当屋主出洞门时，小飞蝇则稍稍退后一点儿，正好留出让对方通过的地方，仅此而已。它干吗要多挪地方呀？二者相遇是如此的相安无事，所以如果不知道其他一些情况，你根本不会想到这是窃贼与屋主狭路相逢。

隧蜂的突然出现并没有让小飞蝇惊慌失措，它只是稍加小心了而已。同样，隧蜂也没在意这个打劫它的强盗，除非后者跟着它飞，纠缠它。这时，隧蜂一个急转弯，飞远了。

吃白食者此刻也处于两难境地。隧蜂回来时糖汁在其嗉囊中，花粉沾在爪钳里，盗贼吃不着糖汁而花粉尚无定型，是粉末状的，也进不了口。再者，这一点点花粉也不够塞牙缝的。为了集腋成裘制成圆面包，隧蜂要多次外出采集花粉。必需的材料采集齐备之后，隧蜂便用大颚尖儿掺和搅拌，再用爪子将和好的面团制成小丸。如果小飞蝇把卵产在做小丸的材料里，经这么一番揉捏，那肯定完蛋了。

所以，小飞蝇的卵是产在做好的面包上面的，因为面包的制作是在地下完成的，吃白食者就必须进入隧蜂的洞穴。小飞蝇贼胆包天，果真钻下去了，即使隧蜂正在洞中，它也全然不顾。失主要么胆小怕事，要么愚蠢地宽容，竟然任窃贼自行其是。

小飞蝇细心窥探、私闯民宅的目的并不是想损人利己、不劳而获；它自己就可以在花朵上找到吃的，而且并不费事，比这么去偷去抢要省劲儿得多。我在想，它跑到隧蜂洞中也就是想简单地品尝一下食物，了解一下食物的质量如何，仅此而已。它宏大的、唯一的要事就是建立自己的家庭。它窃取财富并非为了自己，而是为了自己的后代。

我们把花粉面包挖出来看看。我们将会发现这些花粉面包经常是被糟蹋成碎末状，白白地浪费了，散落在储藏室地板上的黄色粉末里，常常会有两三只尖嘴蛆虫蠕动着。那是双翅目昆虫的后代。有时与蛆虫在一起的还有真正的主人——隧蜂的幼虫，它们却因吃不饱而孱弱不堪。蛆虫尽管不虐待隧蜂幼虫，但抢食了后者最好的食物。隧蜂幼虫可怜兮兮，食不果腹，身体每况愈下，很快便一命呜呼了，其尸体变成了微小颗粒，与剩下的食物混在一起，成了蛆虫的口中餐。

那么隧蜂妈妈在孩子遭难之时在干什么呢？它随时都有空去看自己的宝宝，它只要探头进洞，便可清楚地知晓孩子们的惨状。圆面包被糟蹋得散落一地，蛆虫在钻来钻去，稍看一眼就全清楚是怎么回事了。那它非把窃贼子孙弄个肚破肠流不可！用大颚把它们咬碎，扔出洞外，简直是轻而易举的事。可是愚蠢的妈妈竟然没有想到这么做，反而任由鸠占鹊巢者肆意妄为。

随后，隧蜂妈妈干的事更愚蠢。成蛹期来到之后，隧蜂妈妈竟然像封堵其他各室一样，把被洗劫一空的储藏室用泥盖封堵严实。这最后的壁垒对于正在变形期的隧蜂幼虫来说是绝妙的防护，但是当小飞蝇来过之后，这么一堵可是荒唐透顶了。隧蜂妈妈对这种荒唐之举却毫不犹豫，这纯粹是本能使然，它竟然还把这个空房贴上封条。我之所以说是空房，是因为狡猾的蛆虫吃光了食物之后立即抽身潜逃了，仿佛预见日后的小飞蝇会遇到一道无法逾越的屏障似的。在隧蜂妈妈封门之前，它们就已经离开了储藏室。

吃白食者既卑鄙狡诈，又小心谨慎。所有的蛆虫都会放弃那些黏土小屋，因为这些小屋一旦被堵上，它们就会葬身其间。黏土小屋的内壁有波状防水涂层，以防返潮，小飞蝇的幼虫表皮很敏感娇嫩，可能会觉得这种小屋非常舒适，是理想的栖身之地，然而蛆虫却并不喜欢。它们担心一旦变成小飞蝇，就会被困在其中，所以匆匆离去，分散在竖井附近。

我挖到的小飞蝇确实都在小屋外面，我从未在小屋里面见到过它们。我发现它们一个个都挤在黏土里一个窄小的窝内，那是它们还是蛆虫时移居到此营建的。来年春天，出土期来临时，成虫只需从碎土中钻出去就能到达地面了，这一点儿也不困难。

吃白食者这种迫不得已的搬迁还有另一个十分重要的原因。七月，隧蜂要第二次生育。而双翅目的小飞蝇则只生育一次，其后代此时尚处于蛹的状态，只等来年变成成虫。采蜜的隧蜂妈妈又开始在家乡小镇忙着采蜜，直接利用春天建筑的竖井和小屋，这可大大地节约了时间！精心构筑的竖井房舍全都完好如初，只需稍加修缮便可交付使用。

如果生来就喜欢干净的隧蜂在打扫屋子时发现一只蝇蛹，它会怎么样呢？它会把这个碍事的玩意儿当作建筑废料处理掉。它会把这玩意儿用大颚夹起，也许把它夹碎，搬到洞外，扔进废物堆中。蝇蛹被扔到洞外，任风吹日晒，必死无疑。

我很钦佩蛆虫的远见，不求一时的欢快，而谋未来的安然无恙。有两个危险在威胁着它：一是被堵在死牢中，即使变成飞蝇也无法飞出去；二是在隧蜂修缮宅子后清扫垃圾时把它一块儿扔到洞外，任风吹雨打，暴尸野外。为了逃避这双重的灾难，在屋门封堵之前，在七月隧蜂清扫洞宅之前，它们便先行逃离险境。

我们现在来看一看吃白食者后来的情况。在整个六月，当隧蜂休闲的时候，我对我那个昆虫众多的昆虫小镇进行了全面的搜索，总共发现了五十来个洞穴。地下发生的惨案没有一件逃过我的眼睛。我们一共四个人，用手把洞里挖出的土过筛，让土从手指缝中慢慢地筛下去。一个人检查完了，另一个人再重新检查一遍，然后第三个人、第四个人再进行两次复检。检查的结果令人心酸。我们竟然没有发现一只隧蜂的虫蛹，一只也没有。这隧蜂密集的街区，居民全部丧生，被双翅目昆虫取而代之。后者呈蛹状，多得难以计数，我把它们收集起来，以便观察其演变过程。

昆虫的生活季节结束了，原先的蛆虫已经在蛹壳内缩小，变硬，而那些棕红色的圆筒却保持静止的状态。它们是一些具有潜在生命力的种子。七月的似火骄阳无法把它们从沉睡中烤醒。在这个隧蜂第二代出生的月份中，上帝好像颁发了一道休战圣谕：吃白食者停工休整，隧蜂和平地劳作。如果敌对行动接二连三，夏天同春天时一样大开杀戒，那么受害太深的隧蜂也许就要灭种了。第二代隧蜂有这么长一段休养生息期，生态的平衡也就得以保持了。

四月，当斑纹隧蜂在围墙内的小径上飞来飞去，寻找一个理想地点挖洞建巢时，吃白食者也在忙着化蛹成虫。啊！迫害者与受害者的历法是多么精确，多么令人难以置信！隧蜂开始建巢时，小飞蝇也已准备就绪：它那以饥饿之法消灭对方的故技又要重演了。

如果这只是一个孤立的情况，我们就不用去注意它了：多一只隧蜂少一只隧蜂对生态平衡并不重要。可是，不然！以各种各样的方式进行的杀戮抢掠者已经在芸芸众生中横行无忌。从最低等的生物到最高等的生物，凡是生产者都受到非生产者的盘剥。因地位特殊本应超然于这些灾难之外的人类，是这类弱肉强食残忍表现的最佳诠释者。人们心中想：“做生意就是弄别人的钱。”正如小飞蝇心里所想：“干活儿就是弄隧蜂的蜜。”为了更好地抢掠，人类创造了战争这种大规模屠杀和以绞刑这种小型屠杀为荣的艺术。

人们每个星期日在村中小教堂里唱诵的那个崇高的梦想：“荣耀归于至高无上的上帝，和平归于凡世人间的善良百姓！”[①]我们将永远看不到它实现。如果战争关系到的只是人类本身，那么未来也许还会为我们保存和平，因为那些慷慨大度的人正致力于和平。但是，这种灾祸在动物界也横行无忌，而动物是冥顽不化的，永远不会讲道理。既然这种灾祸是普遍现象，那也许就是无法治愈的绝症了。未来的生活令人不寒而栗，将会如同今日的生活一样，是一场永无休止的屠杀。

---

① 原文为拉丁文。

于是，人们挖空心思，终于想象出一个巨人来，他能把各个星球把玩于股掌之中。他是无坚不摧的力量的化身，他也是正义和权力的代表。他知晓我们在打仗、在杀戮、在放火，野蛮人在获得胜利；他知晓我们拥有炸药、炮弹、鱼雷艇、装甲车以及各种各样的高级杀人武器；他还知晓包括平民百姓在内的因贪婪而引起的可怕的竞争。那么，这位正义者，这位强有力的巨人，如果他用拇指按住地球的话，他会犹豫着不把地球按碎吗?

他不会犹豫，但他会让事物顺其自然地发展下去的。他也许会想："古代的信仰是有道理的。地球是一个生了虫的核桃，被邪恶的蛀虫啃咬着。这是一种野蛮的雏形，是朝着更加宽容的命运发展的一个艰难阶段。我们顺其自然吧，因为秩序和正义总是排在最后。"

隧蜂门卫

初春时节由孤独的隧蜂单独挖好的住所，到夏季来临时便成了全家的共同财产。地下有将近一打的蜂房，可从这些蜂房里出来的全是雌蜂。这是我饲养的那三种隧蜂的共同规律。它们每年繁殖两代。春天出生的一代全是雌蜂；夏季出生的一代则有雌有雄，而且雌雄数量几乎相等。

隧蜂家庭成员的减少，并非由事故所致，而是由饥不择食的小飞蝇造成的。隧蜂全家有一打姐妹（只是姐妹），个个勤劳，都能无须性伙伴而生儿育女。另外，隧蜂妈妈的住处绝不是一间破屋陋室，其住宅的主要部分是出入通道，清除一点儿瓦砾之后就可以进出。这就节省了对隧蜂而言极其宝贵的时间。洞底的蜂房是一些黏土小屋，也几乎完好无损，如要加以利用，只需用细毛刷轻轻清理一下即可。

那么，在有同等权利的幸存的雌蜂中，谁将继承这所住宅呢？根据死亡的概率，继承者应有六七只或更多一些。隧蜂妈妈的住宅将属于谁呢？它们之间根本不会为这事争吵。妈妈的宅子被认为是共有财产，这是无可争议的。隧蜂姐妹们从同一个通道平静地钻进钻出，忙着各自的活计，从不你争我夺。

在井的底部，每个隧蜂姐妹都有各自的一小块领地，那是一些新近挖好的蜂房，因为旧的蜂房已被占用，现在不够用了。在这些属于私产的凹室里，每个隧蜂妈妈都在一旁干活儿，看守着自己的财产，严守自己的隐私。

其他的地方全都是可以自由出入的。

隧蜂忙着干活儿时进进出出的景象煞是好看。一只采花粉的雌蜂从田野归来，毛茸茸的爪子上沾满了花粉。如果洞门无蜂进出，它便立刻钻到地下去。在门口稍停片刻纯属浪费时间，而活儿不等人。有时候，有好几只隧蜂间隔不久相继而来。通道太狭窄，容不下两只隧蜂同时进出，特别是要避免相互摩擦而蹭掉各自爪子上的花粉，于是离洞口最近的赶快钻入。其他隧蜂则在门口按先后次序排好，不挤不拥，等着轮到自己进入。第一只一钻入地下，第二只便紧随其后，然后第三只、第四只，一只一只地快速地跟着钻入地下。

有时候会出现一只要进一只要出的情况。于是，要进去的便稍往后退，礼让要出来的。礼让是相互的。我就看过有一些隧蜂正要钻出地面，又返回去，让出通道给刚飞回来的隧蜂。通过相互谦让，大家进进出出反而非常顺畅。

我们再仔细地观察会发现，隧蜂生活中还有比这种进出的良好秩序更好的现象。当一只隧蜂在花间采集归来时，我看见一种关闭屋门的活门突然降了下去，使通道可以通行。当到来的隧蜂一钻进门里，活门又升回到原先的位置，几乎与地面持平，又关上了。有隧蜂出来，活门也同样操作。活门从后面推顶，往下降去，门就开启，隧蜂便可飞出。隧蜂一飞出来，门又重新关上。

这个在隧蜂每次飞进飞出时在井坑圆柱体内像活塞似的或升或降、或开或闭的活门到底是什么东西？这是一只隧蜂，它已成了宅子的看门人。它用自己的大脑袋在前厅上面形成一道无法逾越的障碍。如果宅子里有谁要进来或出去，它就拉动绳子，也就是说，它就退至通道的一处较宽、可以容下两只隧蜂的地方。对方通过之后，它便立即回到洞口，用脑袋把口堵住。它一动不动，用目光搜索着，只有在抓捕那些不知趣的家伙时它才离开自己的岗位。

我们趁它飞出来抓捕的这一短暂时刻仔细观察了一番。它看上去与其他正忙着采集花粉的隧蜂一模一样，不过，它已秃顶，“衣服”破旧，已无光泽。在其半脱毛的背部，漂亮的褐色与棕红相间的斑马纹腰带已磨损殆尽。它的这身因长期干活而破损的“衣服”明白无误地告诉了我们一些情况。

这只在洞口站岗放哨看门守屋的隧蜂比其他隧蜂年纪大。它是这个住宅的建造者，是现在正在忙着采集花粉的隧蜂姐妹们的妈妈，是现在还是幼虫的隧蜂们的外婆。三个月前，当它还是个花季少女时，它单枪匹马地拼命干活儿，累得精疲力竭；现在，它的卵巢已经萎缩，它该休息了。不，“休息”一词在此运用不当。它还在干活儿，它在为这个家尽自己的绵薄之力。它已经不能再生儿育女，便当了看门人。它为自己家人开门关门，把陌生人拒之门外。

谨慎多疑的山羊羔从门缝望出去，对狼说道：“让我看看你的爪子，不然我就不开门。”[①] 隧蜂外婆同样谨慎多疑，它也要对来者说道：“让我瞧瞧你的隧蜂黄爪子，不然就不让你进来。”如果被认为并非自家人，谁也甭想进洞。

我们就来看看。一只蚂蚁路过洞穴附近。蚂蚁是个厚颜无耻的亡命徒，它很想知道洞底下为何会有蜜的甜香味飘上来。隧蜂看门人脖子一扭，意思是说：“滚开，不然要你的命！”通常，这种威吓的动作就足够了。蚂蚁见状会赶紧走开。如果它赖着不走，隧蜂看门人便会飞出洞来，向那大胆狂徒扑过去，推搡它，驱赶它。把它赶跑之后，隧蜂看门人便立刻回到哨位，继续站岗放哨。

现在我们来谈谈切叶蜂。切叶蜂不谙挖洞技巧，便学着同胞的样儿，使用别的蜂留下的旧通道。当春天的小飞蝇把隧蜂的地下通道掏得空空荡荡的时候，这通道对于切叶蜂来说就很合适了。切叶蜂在寻找一处可以堆放其用刺槐叶制作的羊袋皮似的住所时，经常绕着我的隧蜂小镇飞来飞去，寻寻觅觅。它觉得有一个洞穴挺合适的；但是，在它落地之前，它的嗡嗡声已经被隧蜂看门人察觉了，只见后者突然飞出，在门口做了几个手势。

---

① 引自法国 17 世纪寓言诗人拉·封丹的寓言《狼和小羊》。

这就够了，切叶蜂立刻就明白了，连忙离去。

有时候，切叶蜂还有时间迅速落下，将头探入井口。隧蜂看门人立即出现，脑袋稍稍抬起，把洞口堵住。随即隧蜂门口出现一种不太严重的对峙。外来者很快便明白这个洞穴已有主儿了，不可冒犯，也就不再坚持，到别处寻觅住所去了。

我曾亲眼看到一个老窃贼——切叶蜂的寄生昆虫媚态尖腹蜂，被猛烈地推搡了一阵。这个冒失鬼原以为自己钻入的是切叶蜂的住所，但它弄错了，它遇上了隧蜂看门人，受到了严厉惩戒。它赶忙溜之大吉。其他那些或因忙中出错，或因野心勃勃而欲闯入隧蜂洞穴的昆虫也遭到了同样的对待。

在隧蜂外婆们之间，同样互不相容。将近七月中旬，当隧蜂小镇热闹繁忙的时候，有两种隧蜂是很容易辨认的：年轻的隧蜂妈妈和隧蜂老妪。隧蜂妈妈数量更多，身轻体健，衣着鲜艳，不停地从田野飞到洞穴、从洞穴飞到田野。而隧蜂老妪则面容枯槁，无精打采，懒散闲淡地从一个洞穴逛到另一个洞穴，好像迷了路，摸不着自己的家门了。它们这么游来荡去的是怎么回事？我看见它们一个个都一副伤心痛苦状，由于可恶的小飞蝇春天干的“好事”，它们已无家可归。隧蜂很多洞穴全部被扫荡一空。夏季来临，它们孤孤单单，只好离开自己那已成空房的小屋，去寻找一处有摇篮需看护、有岗要站的住宅。但是，这些幸福的家庭已经有了自己的守卫，即其创建者，它紧紧守着自己的权利，对于无业的邻居十分冷漠。一个哨兵足矣；两个哨兵的话，哨位太小，容纳不下。

有时候我还能看到两位隧蜂外婆在争吵。当寻找职业的游荡者突然来到大门前的时候，那位合法的看守者并不离开自己的岗位，也不像见到自己的孩子从田野回来时那样，退回到过道里去。它不仅不让出通道，还用爪子和大颚进行威胁。对方也不示弱，仍旧想要闯入。双方便推搡起来。争斗以外来者的失败而告终，失败者只好去别处找碴儿寻衅。

这些小场景让我们隐约看到斑马纹隧蜂的习性中某些极有意思的细节。春季筑巢做窝的隧蜂妈妈一旦工程完工，就不再走出家门。它要么隐于狭小肮脏的洞穴深处，一心一意地干些琐碎的家务活儿，要么懒洋洋地等待孩子们的出世。夏日炎炎，隧蜂小镇又一片繁忙热闹时，外面采集的活儿用不着它去干，它只好在前厅入口处站岗放哨，只许自己外出劳作的孩子们进入，不许别有用心的歹徒有非分之想。没有隧蜂外婆的许可，谁也甭想入内。

没有任何迹象表明，这个警惕的门卫擅离职守过。我从未见过它离开家门去花间大快朵颐，以恢复体力。它年事已高，而且其看家护院的活儿也不是很累，也许就用不着吃什么东西。也许孩子们采集归来，会时不时地从自己的嗉囊中吐出一点儿来给它。不管吃与不吃，反正隧蜂外婆不再出门了。

但是，它需要天伦之乐。它们当中有不少已无家庭欢乐了。双翅目小飞蝇把它们的家洗劫一空，被洗劫者只好抛弃那已空空荡荡的洞穴，衣衫褴褛、忧心忡忡地在隧蜂小镇四处游荡。它们并不走远，经常待在原地一动不动。它们因而变得脾气暴躁，粗暴地对待他人，竭力赶走别人。它们就这样一天一天地变少，衰老，最后消亡。它们的下场是什么？小灰蜥蜴一直在窥伺着它们，最终拿它们饱了口福。

那些安居于自己领地中看守自己的孩子们劳作的制蜜作坊的隧蜂，始终保持着高度的警惕，一丝不苟。我同它们接触越多，就愈发钦佩它们。清晨凉爽时，采集花粉的隧蜂们因找不到被太阳晒熟的花粉而闭门不出的时候，我就看见隧蜂门卫待在通道上端入口自己的岗位上。它们一动不动地待在那儿，脑袋堵住入口，与地面持平，以防外来者侵入。如果我离得太近观察它们，它们就稍稍后退，在暗处等着我这个不速之客离去。

上午八点至十二点，采集高峰时，我又来观察。由于女采集工们进进出出，一片繁忙，我就看见那扇门一会儿开一会儿关的，忙个不停。这是隧蜂门卫最紧张、最累的时刻。

午后，天气太热，花粉采集工们不再去田间野地里了。它们钻进住宅底部，油漆新建的蜂房，制作供虫卵所需的圆面包。隧蜂外婆始终留在上面，用自己光秃秃的脑袋堵住入口。即使天气再热，门卫也不能午睡，因为必须保证全家人的安全。

夜幕降临或者更晚一些，我又回来观察。我借着提灯的光亮看到隧蜂门卫仍旧如白天一样忠于职守。其他隧蜂都休息了，而门卫却没有，它明显是担心夜间会出现危险，而这些危险只有它才了解。那么，它最后会不会回到下一层的安静处去呢？有这种可能，因为这么长时间全神贯注地看家护院非常累人，必须休息休息。

很明显，如此这般地守卫着洞穴，就可以避免类似于五月那使家庭大量减员的灾祸。让盗窃隧蜂面包的窃贼小飞蝇现在来试试看！它的冥顽不化、胆大妄为绝对逃不过时刻高度警惕着的门卫的，后者稍加威胁就能吓退来犯者，要是来犯者执意不走，那它非用大钳把来犯者夹碎不可。窃贼小飞蝇不会来了，个中原委我们很清楚，因为到春回大地之前，它们都待在地下，处于蛹的状态。

但是，就算没有小飞蝇，在蝇科这种低等层次中，还有其他一些攫取他人财富者。这些家伙什么坏事都干得出来，无所不用其极。可是，七月里，我在各个洞穴附近查看时一个都没有撞见。这帮混账东西真是暗中偷盗的高手！它们多么了解隧蜂门口有门卫把守着的意义啊！对于它们来说，今天是没有机会了，所以一只蝇科昆虫都未出现，春天的那种灾祸没有再降临。

隧蜂外婆因年岁大而免除了做母亲的烦恼，专司大门守卫、保护全家老小安全之职，这告诉我们在本能起源中突然出现的一些事。隧蜂外婆向我们展示了一种突然而至的才能。而这种才能，无论是在它自己过去的行为举止中还是在它女儿们的一举一动中，都没有任何迹象使我们能够猜测出来的。

从前，当凶残的小飞蝇当着隧蜂的面闯入其家中时，或者更经常的是，当小飞蝇待在入口处，与它面面相对时，愚蠢的隧蜂竟然一动不动，甚至都没有吓唬一下这个红眼强盗，而它本可以轻易地就把这个小侏儒制伏。它这是被吓住了吗？不是的，因为它仍然像没事似的忙着自个儿的事，因为强者不会就这么被弱者吓倒。这是因为它对大祸临头一无所知，这是因为它愚不可及。

可是今天，这个三个月前还愚昧无知的隧蜂突然开了窍，竟非常清楚危险的所在。任何外来者，只要一出现，无论个儿大个儿小，无论属于哪一种属，一概被拒之门外。如果肢体的威吓无济于事，隧蜂门卫就会跑出洞外，向赖着不走者扑过去。原先的胆小者现在无所畏惧了。

怎么会有这种一百八十度的大转弯呢？我倒是希望这是因为隧蜂吸取了春天灾难的教训，从此往后便开始提防危险了；我也很想赞扬它是受到经验教训的启迪转而学会担当门卫的重任。但是，我这种想法是错误的。如果说隧蜂是由于一点点的进步，终于学会了安排一个门卫来看家护院的话，那又怎么会对窃贼的担心时有时无呢？五月时节，它单枪匹马，的确无法长期把守大门：首先是要干家务活儿。但是，自它的家族遭受迫害时起，它至少应该了解这种寄生虫——小飞蝇，而且当后者几乎每时每刻都在自己的脚爪下转悠时，甚至跑到自己的家中来时，它至少应该把窃贼赶走才对，但它并没有这么做。

所以，祖辈的深重苦难并没有使后代的平和性格发生任何本质的改变，而它亲身经历过的苦难与它七月突然的警觉也毫不相干。动物与我们人类一样，有自己的欢乐，也有自己的不幸。它疯狂地享受着欢乐，却很少去操心不幸之事。不管怎么说，这是动物享受生活的最佳方法。为了减轻苦难和保护家族，动物有本能的启迪，用不着凭什么经验或教训，隧蜂就会知道设立一个门卫之职。

粮食准备充足之后，隧蜂便不再外出采集花粉，也不再满载花粉而归，可这时候，隧蜂外婆仍一如既往地保持着警惕，坚守自己的岗位。最后的准备工作就在地下洞穴中进行，那关系到一窝小隧蜂。各个蜂巢关闭了。直到一切全部结束之前，洞口大门将始终严密地把守着。然后，隧蜂外婆和隧蜂妈妈将离开家。它们毕生忠于职守，将去往我不知道的什么地方，默默地死去。

自九月起，第二代隧蜂便出现了，既有雌蜂，也有雄蜂。

红蚂蚁

如果把鸽子运到几百里[1]远的地方，它会自己返回到自己的鸽舍；燕子从它在非洲的居住地飞越大海，重新回到自己的旧巢。在这么漫长的旅途中，它们依靠什么来寻找方向呢？是依靠视觉吗？《动物的智慧》一书的作者、睿智的观察家图塞内尔[2]对自然状态下的动物的了解可谓独到，他认为是视觉和气象在指引信鸽寻找方向。他在书中写道："法国的这种鸟凭借自己的经验获知，严寒源自北方，炎热来自南方，干燥生于东方，潮湿出自西方。它具有足够的气象知识，可以为自己辨别方位，指导飞行。放在用盖子盖住的篮子里的鸽子，被从布鲁塞尔运到法国南部的图卢兹，它们是绝对不可能用自己的眼睛把自己所经过的地方记录下来的，但是，没有人能够阻止它们根据对大气热度的印象，感觉到自己正向南方走去。等到到达图卢兹之后，它便知道自己的鸽舍是在北方，应往北边温度较低的地方飞去，于是，它便一直朝这个方向飞着，直到飞抵空域的平均温度是它所居住的区域的温度时，才会停止飞翔。如果它未能立刻找到自己家门的话，那就说明它不是飞得偏左就是飞得偏右了。这时候，它只需往东边或往西边寻找一番，花上几个小时，就可以把飞行路线上的偏差纠

① 里：长度单位，1 里等于 500 米。

② 图塞内尔（1803—1885）：法国政治家，对鸟类颇有研究。

正过来。”

如果位置的移动是南北方向，那么这个解释就非常诱人，但这个解释不适用于在等温线上的东西方向的移动。另外，这种解释存在着一大缺点：它无法推广。猫穿过第一次见到的大街小巷组成的迷宫，从城市的一端跑到另一端，回到自己的家中，这就不能归于视觉的作用，也不能说是气候变化的影响。同样，我的石蜂也不是凭着视觉的指引，特别是当它们在密林中被我放出来时，它们飞得不太高，离地面只有两三米，没有可能看清这个地方的全貌，以便在脑海中绘出图来。它们被放飞之后，只是稍加犹豫，在我身边绕了几圈儿，便朝北边飞去。尽管密林深处树木繁茂、枝叶交错，尽管丘陵高高、连绵不断，但它们顺着离地面不高的斜坡往上飞，越过一切障碍。视觉指示它们避开了种种障碍，却未告诉它们应往哪个方向飞。至于气候，也起不了作用，因为在几千米这么短的距离内，气候是没有什么变化的。即使它们的方位感很强，可它们的巢穴所在地与放飞地的气候完全一样，冷热干湿的变化不大，所以它们对往何处飞去并无把握。我在想，一定是有什么神秘的东西在指引着它们，它们肯定具有我们人类所不具有的特别感觉。达尔文的权威无人藐视，他也持有这一观点。想了解动物是不是能感应大地电流，想了解动物是不是受到紧贴于身的一根磁针的影响，这不就是在承认动物具有一种对磁性的感觉吗？我们人类有这样的感官官能吗？当然，我说的是物理学的磁力，而不是麦斯麦[①]或卡廖斯特罗[②]所说的磁力。

这种未知的感官官能是否存在于膜翅目昆虫身上，并以某个特殊的器官来感知呢？我们立刻便会想到它的触角。当我们对昆虫的习性不甚了解时，总是把它的怪异行为归功于它的触角，认为它的触角上一定有什么我

---

① 麦斯麦（1734—1815）：奥地利医生，提出“动物磁力”说，认为人体内存在一种磁流，磁流不畅，人就会生病；疏通磁流，可治疗疾病。

② 卡廖斯特罗（1743—1795）：意大利魔术家和冒险家，曾在欧洲兜售一种所谓的“长生不老药”。

们所不了解的特殊的东西。可是，我完全有理由对触角具有指示方向的能力表示怀疑。当毛刺砂泥蜂在寻觅昆虫时，它的确是用自己的触角不断地拍打地面，如同用手指轻弹地面一样。但这种仿佛在引导昆虫捕猎的探测丝大概并不可能被用来指引昆虫的飞行方向。为了搞清这个问题，我做了一些实验。

我把几只高墙石蜂的触角尽量齐根剪去，然后，把它们弄到别处去放飞，可它们像其他石蜂一样，很容易就回到自己的巢里了。我还以同样的方法对我们这一地区最大的节腹泥蜂（栎棘节腹泥蜂）进行了实验。这种捕食象虫的泥蜂同样也很容易就回到了自己的居所。因此，我便把触角具有指示方向官能这种假设抛弃了。那么，昆虫的这种感觉官能究竟存在于什么地方呢？我并不知道。

我所知道的，而且是通过实验清楚地知道的，就是没有触角的石蜂，回到自己的蜂房之后并不恢复工作。它们只是一味地在自己建造的建筑物前飞来飞去，在石头上歇息，在蜂房的石井栏边停一停。它们仿佛在那儿悲苦地沉思默想，久久地凝视着那尚未完工的建筑物。它们离开了又回来，把周边所有的不速之客通通赶走，但它们再也不会去运送蜜浆或灰泥了。第二天，我没有再见到它们，不知它们去了哪里。工人没有了工具，哪儿还有心思干活儿？石蜂在垒屋砌窝时总是用触角不停地拍打着、探测着，仿佛依靠自己的触角才能把活儿干得精细完美。触角就是它们的精密仪器，如同建筑工人的圆规、角尺、水准仪和铅绳。

我一直在用雌性昆虫做实验，它们出于母性，对窝的建造更加忠实卖力。如果用雄蜂做实验，把它们弄到别的地方，会出现什么情况呢？

我原本对这些情郎并不看好。它们有这么几天工夫围着蜂房乱哄哄地飞来飞去，等雌蜂从蜂房出来后你争我夺、争风吃醋，然后，你就再也见不着它们的踪影，它们根本不去过问房屋居室建到什么程度了。我就在想，对于雄蜂来说，留在出生的蜂房或去别处安家，没有什么大不了的，只要那儿可以找到妻子或情人就可以了！可是，我想错了，错怪了它们，雄蜂回到蜂房里来了。考虑到雄蜂身体弱小，我没有把它们弄到很远的地方去放飞，只让它们飞了一千米左右的路程。不过，尽管路途不算遥远，但对于雄蜂来说，这仍然是从陌生之地起飞的一次远程航行，因为我还从未见过雄蜂飞过这么长的距离。

有两种壁蜂——三叉壁蜂和拉特雷伊壁蜂，同样也飞到我的荒石园昆虫实验室的蜂房里来了。它们在石蜂留下的洞穴里建房搭窝，来得最多的是三叉壁蜂。这是探究这种定向感觉在多大程度上遍及膜翅目昆虫的大好机会。的确，三叉壁蜂无论雌雄，都知道返回窝里。我进行了一些短距离的实验，用的蜂不多，实验的结果与其他实验的结果相同，因此，我对自己的结论完全信赖。总之，加上以往所做的实验，我得出的结论是，有四种昆虫能够返回自己的窝里，它们是棚檐石蜂、高墙石蜂、三叉壁蜂和节腹泥蜂。我可否就此将我的这一结论推而广之，认为昆虫确实具有这种从陌生的地方返回自己的家园的能力呢？我还不敢这么说，因为据我所知，下面一种相反的结果就很能说明问题。

在我的荒石园昆虫实验室里，有许多实验品，其中首推红蚂蚁。这种红蚂蚁犹如捕捉奴隶的亚马孙人[①]——她们不善于哺育儿女，不会寻找食物，即使食物就在身边也不会去拿，必须依靠仆人们伺候她们进食，帮她们料理家务。红蚂蚁就是这样，专门去偷别人的孩子来伺候自己家族。它们抢掠邻居家不同种类的蚂蚁，把别的蚂蚁的蛹掠到自己的蚁穴里来，不久，蛹破壳而出，就成了红蚂蚁家中拼命干活的奴仆。

炎热的夏季来到时，我经常看见这些“亚马孙人”从它们的营地出发，开始远征。这支远征的队伍竟长达五六米。如果沿途未遇见什么引起它们注意的事情，它们的队形就会始终保持不变。但是，如果突然发现了蚂蚁窝，前排打头的红蚂蚁就会立刻停下脚步，变成散兵队形，乱哄哄地围成一团打转。这时候，后面的红蚂蚁便聚到这个蚁团中来，越聚越多。一些侦察尖兵被派出去打探，如果发现情况搞错了，它们便恢复原来的队形，继续前进。它们穿过园中小路，消失在草地中，但一会儿又在稍远点儿的

---

① 亚马孙人：希腊神话中的纯女战士族群，生活在黑海沿岸。

地方出现了，然后又钻进枯枝败叶堆里，再大模大样地钻出来，就这样一直寻寻觅觅。最后，红蚂蚁终于发现了一个黑蚂蚁窝，就立即急不可耐地闯入黑蚂蚁蛹穴，不一会儿，它们携带着各自的战利品纷纷爬出来。有时候，在这座地下城市的城门口，它们会遇上黑蚂蚁守卫，此时一方要尽力守护自己的财产，另一方则势在必得，双方混战一场，场面颇为惊心动魄。由于敌我双方力量悬殊，胜利者当然是红蚂蚁。这帮强盗，一个个用大颚咬住黑蚂蚁的蛹，急急忙忙地往家赶。不了解奴隶制的读者，可能对这种亚马孙人的抢掠故事感到有趣，可我却不想多谈这种事情，因为这个故事与我想要讲述的昆虫返回窝巢的主题有些偏离了。

抢掠蚁蛹的红蚂蚁的运输距离之远近，取决于附近有没有黑蚂蚁。有时候，十几步开外就有黑蚂蚁穴，有时候则必须跑到五十步甚至一百步开外去寻找。我只看到过一次红蚂蚁远征到园子以外的地方。它们爬上园子那四米高的围墙，翻过墙去，一直爬到远处的麦田里。至于要走什么样的路，这支征服大军是并不在意的。荒芜的不毛之地、绿茵茵的草坪、枯枝败叶堆、砖石建筑、杂草丛等，它们都可以爬过去，并不挑挑拣拣，有所偏好。

然而，返回的路是不可改变的，必须按原路返回，无论原路多么弯弯曲曲、高低不平、崎岖难行。由于捕猎的偶然性，红蚂蚁往往要经由十分复杂难行的道路，但即便如此，它们在获得战利品返回家园时，仍旧会走原先来时的路，即使来路艰险万分，它们也始终不渝，绝对不会改变路线。

如果它们去时经过的是厚厚的枯叶堆，那对它们来说，这条路就相当于遍布深渊的地带，稍有不慎，便会掉进去。一旦掉到很深的凹处，想要再爬到摇摇晃晃的枯枝桥上，然后走出这纵横交错的迷宫，红蚂蚁必定会累得精疲力竭，浑身散架。即使这样，它们仍旧死心塌地地沿着原路走。如果想偷点儿懒，旁边就是一条好走的路，十分平坦，而且离原路只一步之遥，可它们就是看不到这仅仅一步之隔的平坦大道。

有一天，我发现它们又出发去抢掠了，它们在池塘砌起的护栏内侧排着长队往前挺进。头一天，我已经把池塘里的两栖动物换成了金鱼。突然，一阵强劲的北风吹来，从侧面狠狠地吹向它们，把好几排兵丁刮落到池塘中去。金鱼一见，立刻加速游了过来，张开那对于红蚂蚁来说深如巷道的大嘴，把落水者全都吞进了肚子里。天有不测风云，雄关漫道，红蚂蚁大队尚未越过天堑便伤亡惨重。我心想，它们归来时应走另一条路，何必非要经过这致命的悬崖峭壁呢？但情况并非如我所料。大颚里咬着黑蚂蚁蛹的长长队伍仍然沿原路返回，尽管明知这条路崎岖艰难，有致命的危险。这对金鱼来说倒是再好不过了，它们得到了从天而降的双份吗哪[①]：蚂蚁和它们的猎物。这支不可理喻的顽固的红蚂蚁大队，宁愿损兵折将，也非要沿原路返回。

这帮亚马孙人之所以这么固执，看来是因为它们有时出外抢掠的路途较远，如果不沿原路返回，很可能会迷路，回不了家。毛虫从窝里出来，爬到另一根树枝上去寻找更合适的可口的树叶时，会在自己走过的路上留下丝线，然后再沿着这条丝线回到自己的家中，这就是远行时会遇到迷路危险的昆虫所能使用的最基本的方法：让一条丝线把它们带回家。比起毛虫那极其简单幼稚的寻路方法，我们对于依靠感官定向的石蜂以及其他一些昆虫的了解就非常少了。

红蚂蚁这种抢掠者虽然也属于膜翅目类，可它们出外返家的办法少得可怜，这从它们只知沿原路返回就可以看得出来。它们是不是在某种程度上仿效毛虫的办法呢？当然，它们沿途并不会留下指路的丝，因为它们身上并没有这样的器官。那么，它们会不会一路上散发出某种气味，譬如甲酸[②]味之类的，以便通过嗅觉引导方向？许多人持有这种看法。

据说，蚂蚁就是通过嗅觉来辨明方向的，它的嗅觉器官就在它那始终动个不停的触角上。我对这种看法持怀疑态度。首先，我并不相信嗅觉会

---

①吗哪：《圣经》的一种天赐食物。据说以色列人离开埃及前往迦南的40年旅途中，上帝显灵，赐这食物给他们。

②甲酸：俗称蚁酸，无色有刺激性的液体，酸性很强，有腐蚀性，存在于蚁类和毛虫的分泌物中。

存在于触角上，理由我已经提到过了；再者，我希望通过实验来证明红蚂蚁并不是依靠嗅觉来辨别方向的。

时间很紧张，我没工夫一连几个下午去观察我的那些亚马孙人大队的远征，而且，即使浪费了这么多时间去跟踪观察，往往也无功而返。可我有一个小助手，她没我那么忙，她名叫路易丝，是我的小孙女，我每每跟她讲述蚂蚁的故事时，她都很感兴趣，而且还刨根问底。我把任务交代给她时，她非常高兴，对小小年纪就能为科学做出贡献感到十分自豪。于是，天气晴朗时，她便满园子跑，寻找红蚂蚁，监视红蚂蚁，仔细地辨认它们列队前去打劫黑蚂蚁窝的路径。这已不是她第一次充当我的小助手了，她的认真负责的态度让我非常放心。有一天，我正在记笔记，只听见有人嘭嘭嘭地直敲我的书房门。

"是我，路易丝。快来，爷爷，红蚂蚁爬到黑蚂蚁窝里去了。快来呀！"

我连忙打开房门，问她："你看清楚它们走的路了吗？"

"看清楚了，我还做了记号呢。"

"做了记号？怎么做的？"

"像小拇指[①]那样做的呗，我把小白石子儿撒在红蚂蚁走过的路上。"

我赶忙跟着她跑到园子里去。没错，我六岁的小助手说得没错。她事先准备好了一些小白石子儿，看到红蚂蚁大队人马浩浩荡荡地列队走出兵营，她便跟随其后，在它们行经的路上隔一段撒上点儿小白石子儿。这帮亚马孙强盗打劫抢掠之后，便开始沿着小白石子儿所标示的那条路返回。打劫地点与它们的家相距百米。这样一来，我便有时间进行事先利用空闲所策划的实验了。

我抄起一把大扫帚，把红蚂蚁的行军路线扫得干干净净，扫出的路面

---

① 小拇指：法国诗人、童话作家佩罗（1628—1703）的童话《小拇指》中的主人公。小拇指得知父母因家庭贫困决定将他们兄弟七个抛弃在森林时，便捡了很多白色小石子儿装进衣兜里。第二天父母将他们弃置森林时，小拇指靠沿路撒下的白石子儿带兄弟们又回到了家。

有一米宽，路面上的浮土全都扫尽后，我再撒上点儿别的粉状材料。如果原先的浮土上留有红蚂蚁的气味的话，现在浮土扫尽，粉状材料已经更换，红蚂蚁肯定会被弄得晕头转向，辨别不清方向。我把这条路的出口处分割成彼此相距几步远的四个路段。

现在，红蚂蚁大队来到第一个切割开来的地方。它们明显在犹豫。有的往后退去，然后又返回来，接着又往后退去；有的则在切割开的部分的正面徘徊；有的就在侧面散开，似乎想要绕开这个陌生的地方。蚁队的先头部队一开始是聚集在一起的，结成一个几十厘米的蚁团，然后散开来，宽度有三四米。这时候，后续部队也拥上前来，在这障碍物前越聚越多，它们挤在一起，乱哄哄一片，茫然不知所措。最后，有几只胆大的红蚂蚁，毅然决定冒险走上那条被扫过的路，其他的红蚂蚁随后跟了上来；与此同时，有少数红蚂蚁则绕了个弯，也走上了原先的那条路。在下面的那几个切割路段，它们同样也这么犹豫，但最终，或直接或从侧面绕，它们都走上了来时的那条路。我虽然设下了圈套，扫清了道路，分段切割，但红蚂蚁最终还是沿着有小白石子儿标示的那条路返回了。

这个实验似乎说明红蚂蚁的嗅觉确实在起作用。凡是在被切割的路段，红蚂蚁四次都同样表现得犹豫不决，但它们最后还是踏着原路，回到了家中。这也许是因为我清扫得还不够干净彻底，一些有味道的浮土仍然残留在原来的那条路上。绕过扫干净的地方走的红蚂蚁，有可能是受到扫到一旁的浮土的气味所指引。因此，我还不能急着下结论，在表示赞成或反对嗅觉作用之说以前，我必须在更好的条件下再进行实验，必须把它们留在一切材料上的气味全部清除干净。

几天之后，我认真细致地制订了新的计划。小路易丝又帮我去观察。很快，她就跑回来向我报告：红蚂蚁出洞了。这我并不感到惊讶，因为时值六月，下午天气闷热难耐，特别是大雨将要来临，红蚂蚁很少待在窝里。我仍旧把小白石子儿撒在红蚂蚁走过的路上，撒在我选定的最有利于实现我计划的地方。我把园子浇水用的一根帆布管子接到池塘的一个接水口上，把阀门打开。红蚂蚁经过的路径被管子里汹涌喷射出来的水冲断了，冲出一个一步宽的大缺口，把路上的浮土冲出好远。我就这么猛冲了一刻钟的工夫。当红蚂蚁抢掠归来，走近这儿时，我减缓了水流的速度，减小了水层的厚度，免得让它们过于费劲。如果这帮强盗必须经由原路返回的话，那它们就必须越过这一巨大的障碍。

红蚂蚁的先头部队在这个大缺口面前犹豫了很长时间，后面的红蚂蚁们有足够的时间赶上前来，与排头兵们聚集在一起。最后只见它们利用露出水面的卵石，走进了急流；然后，脚下的路基没有了，那些最大胆最勇敢的便被流水席卷而去，但它们的大颚仍旧紧紧地咬着自己的猎物，就这样随波逐流，最后被冲到突出的地方，又到了河岸边，重新找寻可以涉水渡河的地方。地上有几根麦秸被冲得到处都是，这便是红蚂蚁需要爬上的摇晃的独木桥。有一些橄榄树的枯枝，被咬着猎物的乘客们当作了木筏。有一部分最勇敢的红蚂蚁，靠着自己的胆量，也靠着好运气，没有利用任何渡河工具便涉水而过，爬上了对岸。我看到有些红蚂蚁被水流卷带到离此岸或彼岸两三步远的地方，看上去它们非常焦急，不知如何是好。尽管这支溃散部队处在一片混乱惶恐之中，尽管它们遭受了灭顶之灾，我没发现一只红蚂蚁把嘴里的猎物丢弃。它们宁死也不丢掉战利品。总而言之，它们总算渡过难关，勉勉强强战胜了激流险滩，而且是沿着规定的路线渡过去的。

在这之前，湍急的水流已经把路段清洗干净，而且，在它们忙于渡河的时候，仍不断地有新的水流流过，因此，我觉得，经过我这么一折腾，路上留下的气味应该散尽了，这个问题可以排除在外了。如果这条路上有甲酸味道，它们的嗅觉也嗅不出来，至少在我所说的条件下嗅不出来。现在，我用一种更加强烈而且我们可以嗅得出来的气味替换，看看会出现什么情况。

我来到了第三个出口处，在红蚂蚁必经之路上，用一些薄荷叶把地面擦拭了一番。这薄荷叶是我刚从花坛里摘的，很新鲜，气味很浓。在路的稍远处，我又将薄荷叶铺在地上。红蚂蚁抢掠归来，经过用薄荷叶擦拭过的地方时没有显出担心、犹豫，而来到被薄荷叶覆盖的地段时，也只是稍加犹豫，便毅然决然地走了过去。

经过这两次实验——用水冲刷路面的实验和用薄荷叶改变气味的实验，我觉得，再认为是嗅觉在指引蚂蚁沿着原路返回家园，就没有道理了。我再做一些别的测试，我们就会明白了。

现在，我对地面未加改变，而是把几张很大的纸张横铺在路面上，用几块小石头把它们压住、弄平。这块纸地毯彻底地改变了道路的外貌，但丝毫没有去掉可能会有的气味。红蚂蚁爬到这块纸地毯前，犹豫不决，疑惑不解，比面对我所设下的其他圈套，甚至激流时都要犹豫不决。它们从各个方面探察，一再地前进、后退，再前进，再后退，最后才铤而走险，踏上了这片陌生的区域。它们终于穿越了纸地毯。通过后，大队人马又恢复了原先的行进行列。

我在稍远处还设下一个圈套，静候着这帮亚马孙人抢掠大军。我用一层薄薄的细沙把路切断，而这条路原本是浅灰色的。道路颜色这么稍加改变，就会让红蚂蚁颇为踌躇。它们在这层薄薄的黄沙面前就像先前面对纸地毯时一样犹豫，不过，它们犹豫的时间并不长，很快就毅然决然地穿越了眼前的这道障碍。

无论是用黄沙铺地还是用纸铺成地毯，都并没有使来时路上的气味消失，但红蚂蚁走到这些障碍面前时都要犹豫再三，停止前进，这就说明并不是嗅觉而是视觉使它们最终找到了回家的路。没错，是视觉在起作用，只不过它们的视力十分微弱，只要移动几块卵石就能改变它们的视野。由于它们近视得厉害，所以，一条纸带、一层薄荷叶、一层黄沙，甚至更加微小的改动，对它们来说简直就是面目全非，致使这些兴冲冲带着战利品班师回朝的抢掠大军焦急不安地在这陌生地带举步不前，徘徊彷徨。最终之所以穿越了这些可疑的地区，是因为它们经过反复尝试企图穿过这片经过加工改造的地带的过程中，有几只蚂蚁终于认出了前面有些地方是它们所熟悉的，而其他蚂蚁对这些视力较好的同胞十分信赖，便跟着它们穿了过去。

当然，光靠这么点儿微弱的视力还是不够的，这些亚马孙强盗还具有精确的记忆力。蚂蚁还有记忆力？它们的记忆力是怎么回事？它们的记忆力跟我们的有何相似之处？对于这些问题，我无从回答，但是，我可以明确地说，昆虫对于自己到过一次的地方记得很准确，而且记得非常牢。这一点我可没少发现。我甚至还观察到这样的情况：红蚂蚁抢掠的猎物太多，一趟搬不完，或者，这支远征军发现某处黑蚂蚁非常多，于是，第二天或者第三天，它们还会进行第二次远征。在第二次远征中，大队人马无须沿途寻找，而是直奔目的地。我曾经沿着两天前这支抢劫大军走过的那条路撒下小石子儿作为标记，我惊奇地发现它们走的是同一条路，走过的是一个又一个石子儿。我事先推测，它们会根据我所做的路标，沿着我的石桥墩向前迈进。情况果然如此，没有出现什么大的偏离。

它们所走的路是两三天前的路，路上留下的原来的气味应该已经散尽，不可能保持这么久。所以，我得出结论，是视觉在引导着远征的红蚂蚁们。当然，除了视觉之外，还有它们对地点极其准确的记忆。而它们这种记忆力能强到把印象保留到第二天、第三天，甚至更久。这种记忆力极其精确，因为它在引导红蚂蚁穿越各种各样的地形地貌，沿着前一天或前几天所走过的路返回家园。

如果遇到不认识的地方，红蚂蚁会怎么办呢？除了对地形的记忆以外（在此，记忆力已于事无补，因为我假设这个地区还没有被探测过），它们具有像石蜂那样在小范围内的指向能力吗？它们能返回自己的居所，或者跟正在行进的大队会合吗？

这支抢掠大军并未搜寻园子里的各个角落。它们尤为喜欢探索的是北边，毫无疑问，在北边抢劫的收获最大。所以，它们的大队人马通常向北边开拔。在南边，我却很少见到它们。因此，它们对园子的南边即使不是完全不认识，起码也不像对北边那么熟悉。在做了这番交代之后，我们一起来观察红蚂蚁在这片它们不太熟悉的地方会有什么样的表现。

我守候在红蚂蚁穴旁边。在大队人马抢掠归来的时候，我把一片枯叶放在一只红蚂蚁面前，让它爬到叶子上面去。我没有碰它，只是把它运送到离长长的队伍有两三步远的地方，当然是往南边的两三步。这么远的距离，又是它所不熟悉的环境，它便立刻晕头转向了。我看到这只小红蚂蚁被放到地上之后，漫无目的地寻觅着，茫然不知所措，但是，它并没有抛弃嘴里的战利品。只见它急匆匆地奔跑着，与同伴的距离越来越远，可它还以为是在追赶队伍呢。不一会儿，它又折回来，向东边试探一番后又转向西边，虽然向四面八方探寻了一番，但它并没有找对路。其实，它的同伴们就在离它两步远的地方向前挺进。我还记得有几只这样的迷路者，左右寻觅，忙了半个小时，又急又慌，始终走不上正道，反而越离越远，但大颚仍旧咬着黑蚂蚁蛹不放。它们后来的结局是什么？它们把战利品如何处置了？我没有时间也没有耐心一直跟踪这几个迷路的强盗。

这种膜翅目昆虫显然没有其他膜翅目昆虫所具有的指向感觉。它们只不过能够记住所经之处而已，除此之外，没有其他方面的特长。只要让它偏离主路两三步远，它就会迷失方向，无法与家人团聚；石蜂则不然，即使飞越几千米，也能找准方向。只有几种动物具有这种奇妙的感官，而我们人类并不具备，我曾经对此深感惊讶。当然人类与这几种动物差别过大，也是引起争议的原因。现在，这种差别已不复存在，因为进行比较的是两种十分相近的昆虫——两种膜翅目昆虫。它们是从一个模子里出来的，可为什么一种膜翅目昆虫具有某种官能，而另一种膜翅目昆虫并不具有呢？多了一种官能，这可非同小可，比起器官上的某个小问题，这可是非常重要的特征啊！我对此不甚了了，只盼着进化论者能向我提供一个站得住脚的理由。

前面我们已经看到了这种对地点的惊人记忆力保持得久而牢，那么，这种记忆力到底好到什么程度，竟然能把印象铭刻在心里？红蚂蚁需要多次走过或者只要一次远征就能知道沿途的地形地貌吗？所走过的路线它是不是一下子就深印在记忆之中了？红蚂蚁在出去抢掠黑蚂蚁窝时并没有固定的目标，而是随心所欲地往前走的，是边走边搜索的，所以它们想往何处去搜寻猎物，我们无从干预。现在，让我们一起来观察一下其他膜翅目昆虫是怎么做的吧。

我选定了蛛蜂作为观察对象。在此我不准备专门介绍蛛蜂的习性。它们捕食蜘蛛和掘地虫。它们先抓住猎物，再把猎物麻醉，留给未来的幼虫当作食粮，然后再建住所。带着沉重的猎物去寻找适合筑窝建巢的处所，那是极其困难且不方便的，因此，它们便把猎获的蜘蛛等猎物存放在草丛或灌木丛这样高一些的地方，以防其他昆虫——尤其是蚂蚁——不劳而获、坐享其成。把猎物存放好之后，蛛蜂便去寻找一处合适地点挖洞筑巢。在建房造屋的过程中，它仍会时不时地飞去看看它存放的猎物，轻轻地咬一咬、拍一拍猎物，似乎因获得如此丰盛的食物而沾沾自喜，乐不可支，然后，它又回到建筑工地，继续挖洞建房。如果它觉得情况有点儿不对头，它不仅会去探看猎物，还会把猎物搬到离建筑工地近一些的地方，当然，仍旧是存放在较高的地方。蛛蜂确实是这么做的，所以我可以利用这一特点去了解一下它的记忆力究竟好到什么程度。

当蛛蜂在地下忙着挖洞筑巢的时候，我把它的猎物拿走，放在离原存放点仅半米远的空旷处。不一会儿，只见蛛蜂飞过来查看自己的猎物了，它径直飞向存放点。它对所走的方向非常有把握，对存放点记得非常清楚。这是不是因为它此前曾多次来过这儿？我以前没见它来过，所以对此不敢妄加推测。总之，蛛蜂一下子就找到了存放猎物的草丛。它在草丛上走来走去，多次在存放猎物的那个点仔细查找。最后，它确信自己的猎物已不翼而飞，便用触角拍打地面，在存放点四周慢慢地仔细搜寻，终于发现猎物就在不远处一个空旷的地方。它似乎非常惊讶。它朝猎物走去，突然猛地一惊，直往后退——猎物是活的还是死的？是刚才捕获的那个猎物吗？它那模样好像在那么想。其实才不是这么回事呢。

蛛蜂只犹豫了一小会儿，便咬住猎物，拉住它倒退着，把它拉到离第一次的存放点两三步远的植物丛里，存放在高处。接着，它又回到工地，又挖了一段时间。我趁它返回工地时，再一次把它的猎物移换了位置，把它放在离存放点稍微远一点儿的光秃秃的空地上。这种情况很适合评判蛛蜂的记忆力。已经有两片草丛作为它的猎物存放处了。蛛蜂十分准确地回到了第一片草丛，这很有可能是因为它多次来过这个存放点，有较深的印象，但我并未观察到；而对第二片草丛，它的记忆中肯定只有一点儿肤浅的印象，它并未经过仔细观察便选定了，又只是匆匆忙忙地把猎物挂在草丛高处，便急急忙忙地返回了工地。这第二个存放点是它第一次看到而且是经过时匆忙看到的，这么匆匆一瞥，它能记得很准确吗？另外，在昆虫的记忆中，两个地点现在可能被搞混了，第一个存放点跟第二个存放点会让它不知谁先谁后，它究竟会去哪儿探看呢？

我们很快就能知晓结果。蛛蜂已离开洞穴，再一次去查看自己存放的猎物。它径直奔向第二个存放点，在那儿找了很久，怎么也找不到自己的猎物。它明明记得把猎物存放在那儿的，怎么会找不着呢？它继续在那儿寻找，根本没有打算回到第一个存放点去看看。对它而言，第一个存放点已不复存在，它关心的只是这第二个存放点。只见它在原地找了个遍，又在四周继续寻找。

它终于在那个光秃秃的空地上找到了自己的猎物，是我把猎物放到那儿的。蛛蜂立即把寻找回来的猎物存放到第三片草丛高处。我又对它进行了测试。这一次，蛛蜂毫不迟疑地就直冲第三片草丛奔去，根本就没有与前面两个存放点发生混淆，它对前两处根本不屑一顾，足见它的记忆力是十分准确的。我以同样的方法又进行了两次实验，蛛蜂总是直奔最后的那个存放点，对先前的存放点根本不予理会。蛛蜂这个小家伙的记忆力真是惊人，令我叹服。一个与别处并无多大不同的地方，它只要匆匆忙忙地瞥上一眼，就能将它深深地印在记忆之中，何况它还有很多的活儿要干，还得忙着建房造屋，操心的事不少。我们作为高等动物，记忆力能够始终像蛛蜂那么好吗？我看未必。回过头来再看看红蚂蚁，它也具有与蛛蜂同样的记忆力，因此，它在长途跋涉之后沿着原路返回家中，也就没有什么可以怀疑、没有什么无法解释的了。

现在，我再给蛛蜂制造点儿麻烦，增加点儿难度。我用指头在土里按下一个印，弄出个凹坑，把蛛蜂的猎物放进这个小坑里，上面用一片薄薄的叶子盖好。蛛蜂来到猎物存放点之后，居然从叶子上穿过，在上面走过来走过去，却并没想到自己的猎物就在叶下。然后，它又往四周去寻找，终无所获。这就说明，指引它的并非嗅觉，而是视觉。在此期间，它的触角一直在不停地拍打着土地。那么，触角这个器官究竟起到什么作用呢？我说不清楚，我只知道那不是嗅觉器官。通过对砂泥蜂寻找灰毛虫的实验，我已经得出了这个结论；现在，我所得到的证据已经经过实验，我觉得这是决定性的，毋庸置疑。我还得指出，蛛蜂的视力很弱，所以它虽经常在离自己猎物不远的地方来来回回地寻找，却没能一眼就看到那被我挪了窝儿的猎物。

大孔雀蛾

这是一个令人难忘的晚会。我将把它称作“大孔雀蛾晚会”。谁不认识这美丽的蛾子？它是欧洲最大的蛾子，穿着栗色天鹅绒外衣，系着白色毛皮领带。翅膀上满是灰白相间的斑点，一条淡白色“之”字形线条横贯其间，线条周边呈烟灰白色。翅膀中央有一个圆形斑点，宛如一只黑色的大眼睛，瞳仁中闪烁着黑色、白色、栗色、鸡冠花红色的呈彩虹状的变幻莫测的色彩。

它的毛虫体色模糊泛黄，也同样美丽好看。它那有一圈黑纤毛稀疏地环绕着的体节末端，镶嵌着青绿色的珍珠。它那粗壮的褐色茧形状极其奇特，口部状如渔民的捕鱼篓，通常紧贴在老巴旦杏树根部的树皮上。这种树的树叶是大孔雀蛾毛虫的美味食物。

五月六日的早晨，一只雌大孔雀蛾在我面前的实验室桌子上破茧而出。因孵化时的潮湿，它浑身湿漉漉的，我立即用金属网罩把它罩了起来。我也是灵机一动才这么做的，因为我还没有针对它做出特殊安排。我只是凭着观察者的简单习惯把它关了起来，时刻密切注意着可能会出现的情况。

我很有运气。晚上九点，全家人都躺下睡觉了，我隔壁房间传来一阵乱糟糟的响动。小保尔没穿多少衣服，来回走动，又蹦又跳，跺脚踢物，弄翻椅子，简直像疯了似的。“快来呀，”他大声喊叫着，“快来看这些蛾子呀，像鸟儿一样大！房间里都飞满了！”

我赶忙奔过去，仔细一看，怪不得孩子会那么兴奋，那么乱喊乱叫，那是从未发生过的擅闯民宅行为——巨大的蛾子入侵。有四只已经被抓住，关进了麻雀笼里。还有大量的蛾子在天花板上飞来飞去。

见此情景，我立刻想起了早晨被我关起来的那只雌大孔雀蛾。“快穿上衣服，孩子，”我对儿子说，“把你的笼子放在那儿，跟我走。咱们去看看稀罕玩意儿。”

我们往下走，来到住宅右侧我的实验室。经过厨房时，我碰见保姆，她也被眼前发生的事弄得惊愕不已。她在用她的围裙驱赶那些大蛾子，一开始她还以为是蝙蝠呢。

看来，大孔雀蛾已经差不多把我的住宅全都占据了。这肯定是那只被囚女俘引来的，它周围的那方天地会成什么样儿呢？幸好，实验室的两扇窗户中有一扇是开着的，道路通畅。

我们拿着一支蜡烛冲进了房间。我们对第一眼所见的景象简直终生难忘。一群大蛾子轻拍着翅膀，围着钟形罩飞舞，落在罩子上，忽而飞走，又飞回来，再飞向天花板，继而又飞下来。它们扑向蜡烛，翅膀一扇，蜡烛灭了。它们又扑向我们肩头，钩住我们的衣服，轻擦着我们的面孔。这个房间简直成了一个巫师招魂的秘窟，有成群的蛾子在里面飞舞。为了壮胆，小保尔紧攥住我的手，比平时用力得多。

它们有多少只呢？将近二十只。再加上误入厨房、孩子们的卧室和其他房间的，总数超过四十只。我要说，这是一次难忘的晚会，一次大孔雀蛾的晚会。不知它们如何得知了消息，从四面八方赶来。其实，那是四十来个情人急不可耐地赶来，向今晨在我实验室的神秘氛围中诞生的雌大孔雀蛾致意的。

今天，我们就别再多打扰这一大群追求者了。蜡烛的火焰伤着了这群来访者，它们冒冒失失地向火扑去，烧着了身子。

现在，我们先整理一下思路，谈谈这个星期里我观察到的所有情景中的重复发生的情况。每次都发生在晚上八点到十点之间，蛾子们一只一只地飞来。现在正是暴风雨天气，天空乌云翻滚，一片漆黑，露天里，树丛内，伸手不见五指。

对于这些到访者来说，除了漆黑的夜里，别的时刻不会进入住所。房屋掩映在一些高大的梧桐树下；屋前一条两边长着茂密的丁香和玫瑰的甬道向外延伸；屋前还有丛丛松树和杉柏的帷幕抵挡凛冽的西北风的侵袭；大门不远处还有一道由小灌木丛形成的壁垒。大孔雀蛾要赶到“朝圣地”，就必须在漆黑的夜晚穿越这杂乱的树枝屏障，左冲右突，迂回前进。

在这样的情况下，猫头鹰都不敢离开它那油橄榄树上的巢穴贸然闯入。而大孔雀蛾装备精良，长着多面的光学小眼睛，比大眼睛的猫头鹰技高一筹，所以毫不迟疑地勇往直前，顺利通过，没有发生碰撞。它们迂回曲折地飞行着，方向掌握得非常好，所以尽管越过了重重障碍，抵达时仍精神抖擞，大翅膀没有丝毫擦伤，完好无损。对它们来说，黑夜中的那点儿光亮就足够了。

即使我们认为大孔雀蛾具有某些普通视网膜所没有的特殊视觉，也不会相信是这种特殊的视觉通知远处的它们飞来这里的。遥远的距离和其间的遮挡物肯定使这种视觉起不了这么大的作用。

再说，除非有迷惑性的光的折射——这儿并不是这种情况——大孔雀蛾会直扑向所见到的东西，因为光线的指引是非常准确的。大孔雀蛾有时也会出错，但错的不是要走的大方向，而是引诱它们前去的确切的事件发生地。我刚才说过，我的实验室是此时此刻到访者们的真正目的地。孩子们的卧室在我们秉烛闯入之前，已经被一群蛾子占据了。它们肯定是情急搞错了。厨房里也是一样，也有一群满腹狐疑的蛾子，因为在厨房里有一盏灯，挺亮，对于夜间活动的昆虫来说是一种无法抗拒的诱惑，所以它们可能因此迷了路。

我们只考虑黑暗的地方吧，在这种地方迷失方向者也不在少数。我在它们要前往的目的地附近几乎到处都发现一些。因此，当被囚女俘身陷我的实验室时，蛾子们并不是全都从那个直接可靠的通道——开着的窗户——飞进来的，那通道离钟形罩下的女囚只不过三四步远。它们中不少是从下面飞进来的，在前厅四处乱窜，有的还飞到了楼梯口，可那是一条死路，上面有一扇门关着，它们进不去。

这些情况说明，赶来求爱的大孔雀蛾们并没有像普通光辐射告诉它们的那样（这些光辐射是我们身体能感觉到或不能感觉到的）直奔目标飞来。另有什么东西在远处告诉它们，把它们引到确切的地点附近，然后让最终的目标处于寻找和犹豫的模糊状态之中。我们通过听觉和味觉获得的信息差不多也是这种情况，当必须准确地弄清声音或气味的来源地时，听觉或味觉是很不准确的。

发情期的大孔雀蛾夜间“朝圣”时究竟靠什么样的信息器官呢？人们怀疑是它们的触角。雄大孔雀蛾的触角似乎确实是用它们那宽阔的羽状薄翼探测情报。这些美丽的羽饰只是一些普通的服饰，还是起着一种引导求爱者找寻气味的作用呢？似乎不难进行一个带来结论的实验。咱们不妨来试一试。

入侵发生的翌日，我在实验室里找到了头天夜袭的访客中的八位。它们在关着的第二扇窗户的横档上盘踞着，一动不动。其他访客在一番尽兴飞舞之后，于晚上十点从进来的那个通道，也就是日夜全都敞开着的第一扇窗户飞走了。这八只坚韧不拔者正是我要做的实验所必需的。

我用小剪刀从根部剪掉大孔雀蛾的触角，但并未触及它们身体的其他部位。它们对这种手术并未有什么反应，谁都没有动，只不过稍稍抖动了一下翅膀。手术非常成功：伤口似乎不怎么严重。被剪去触角的大孔雀蛾没有疼得乱飞乱舞，这对我的实验计划最好不过了。一天结束了，它们一直静静地一动不动地待在窗户的横档上。

余下要做的还有另外几件事。特别是当被剪去触角的大孔雀蛾在夜间活动时，应给女囚换个地方，不让它待在求爱者们的眼皮底下，以保证研究的成果。因此，我把钟形罩和女囚搬了家，把它放在住宅另一边的门廊下，距我的实验室有五十来米。

夜幕降临，我最后一次查看了一下我那八只动过手术者。有六只已经从敞开的那扇窗户飞走了；还留下两只，但是已经摔到了地板上，我把它们翻过来，使其仰面朝天，它们都没有力气翻转身子了。它们已精疲力竭，奄奄一息。别责怪我的手术不好，即使我不用剪刀剪去它们的触角，它们也照样会衰老垂危。

那六只大孔雀蛾精力充沛，已经飞走了。它们还会飞回来寻找昨天引它们飞来的诱饵吗？它们没有了触角，还能找得到现已移往别处、离原先的地点挺远的那只钟形罩吗？

钟形罩放在黑暗之中，几乎是放在露天里。我时不时地拿着一盏提灯和一张网跑过去看。来访者被我捉住、辨认、分类，并立即在我关了门的相邻一间屋子里放掉。这样做可以精确地计数，免得同一只蛾子被计算好几次。另外，这个临时的囚室宽敞空荡，绝不会损伤被捉住的蛾子，它们在囚室里会觉得很安静，而且有很大的空间。在我以后的研究中，我也将采取类似的安全措施。

十点半，再没有到访者，实验结束了。我一共捉住了二十五只雄大孔雀蛾，其中只有一只是失去触角的。昨天被动过手术的那六只大孔雀蛾身强力壮，得以飞出我的实验室，回到野外，其中只有一只回来寻找那只钟形罩。如果必须肯定或者否定触角的导向作用，那么我还不敢相信这种收获不大的结果。让我们在更大的范围内再做一番实验吧。

第二天早上，我去查看头一天被捉住的俘虏。我看到的情况并不令人鼓舞。它们中有许多都落在地上，几乎没有了生气。我用手指夹住它们时，有几只只是略微有点儿生命的气息。这些瘫痪的囚徒还能有什么用处？咱们还是试一试吧。也许到了寻欢求爱的时刻，它们又会恢复生气了呢。

有二十四只新来的大孔雀蛾接受了剪去触角的手术。先前被剪去触角的那一只被剔除出去，因为它已奄奄一息。最后，在这一天剩余的时间里，监狱的大门是敞开的，谁想飞走就飞走，谁想去赴盛大晚会就去参加吧。为了让飞出去的大孔雀蛾接受试验，它们在门口必然会遇见的那只钟形罩又被挪了地方。我把它放置在一楼对面那一侧的一个套间里。当然，那个房间可以自由进出。

这二十四只被剪去触角的大孔雀蛾中，只有十六只飞到了外面。有八只已精疲力竭，不久就死在了这儿。飞走的那十六只中，有多少只晚上会回来围着钟形罩飞舞呢？一只也没有。第二晚我只逮着七只，全都是新飞来的，也全都是羽饰完整的。这一结果似乎表明，剪去触角是较为严重的事。不过，我们还是先别忙着下结论，还有一个疑点，而且是很重要的疑点。

“瞧我这副德性吧！我还敢在别的狗面前露面吗？”刚被别人无情地割掉两只耳朵的小狗莫弗拉说。我的蛾子们会不会有小狗莫弗拉同样的担忧？一旦失去美丽的装饰，它们就不再敢出现在情敌们面前向雌性示爱吗？这是它们的惶恐吗？是它们少了导向器的缘故吗？是不是久等而未能如愿所致，因为它们的狂热是短暂的？实验将解答我们的疑问。

第四天晚上，我捉到十四只蛾子，它们全都是新来的。我把它们逐个儿关在一个房间里，它们将在里面过夜。次日，我趁它们习惯于昼间歇息不动之机，把它们前胸的毛拔掉少许。拔去这么一点点毛对昆虫来说无伤大雅，因为这种丝质的下脚毛很容易长出来，所以不会伤及它们返回钟形罩时所必需的器官。对这些被拔毛的蛾子来说，这算不了什么，可对于我来说，这将是我识别谁来过、谁是新来者的重要标记。

这一次没有出现精疲力竭、无法飞舞的情况。入夜，十四只被拔毛的蛾子飞回野外去了。当然，钟形罩又挪了地方。两个小时里，我逮住二十只蛾子，其中只有两只是被拔过毛的。至于前天晚上被剪去触角的大孔雀蛾，一只也没有出现。它们的婚期结束了，彻底结束了。

在有拔过毛标记的十四只中，只有两只飞回来了。其他十二只虽然有着我所推测的导向器，有触角羽饰，但为什么没有回来呢？另外，在被囚禁了一夜之后，为什么总是有那么多蛾子被证实为体力不支呢？对此我只有一个回答：大孔雀蛾被强烈的交尾欲望迅速耗尽了体力。

大孔雀蛾为了结婚这个它生命的唯一目的，具备一种奇妙的天赋。它们能飞过长距离，穿过黑暗，越过障碍，发现自己的意中人。两三个晚上，它们花费几个小时去寻觅，去调情。如果不能遂愿，一切全都完了：极其准确的罗盘失灵了，极其明亮的灯火熄灭了。那今后还活个什么劲儿呀！于是，它们缩到一个角落里，清心寡欲，长眠不醒，幻想破灭，苦难结束。

大孔雀蛾只是为了代代相传才作为蛾子生存的。它们对进食为何事一无所知。如果说其他蛾子是快乐的美食家，在花丛间飞来飞去，展开其吻管的螺旋形器官插入甜蜜的花冠，那大孔雀蛾就是无人可比的禁食者，完全不受胃的驱使，无须进食即可恢复体力。它们的口腔器官只是徒具形式，是无用的装饰，而非货真价实、能够运转的工具。它们的胃里从未进过一口食物，如果它们不是活不长的话，这可是个绝妙的优点。若想灯不灭，就必须给它添油。大孔雀蛾则拒绝添油，因此它们活不长。只两三个晚上，那正是配对交欢的必需时间，这就是一切，大孔雀蛾也就寿终正寝了。

那么，失去触角的大孔雀蛾一去不复返又是怎么回事呢？是否证明它们没有触角，就无法再找到那个女囚呢？绝对不是。像被拔掉毛身体受损却安然无恙的昆虫一样，它们也是在宣告自己的寿命已经终结。它们无论被截肢还是身体完整，现在皆因年岁大而派不上用场了，它们的存在与否已无意义。由于实验所需的时间不够，我们未能了解到触角的作用。这种作用先前让人摸不着头脑，今后仍旧是一个疑团。

被我囚禁在钟形罩下的那只雌大孔雀蛾存活了八天。它根据我的意愿，每晚在居所的一隅或另一处为我引来数目不等的造访者。我用网随到随捕，然后立即把它们关进封闭的房间，让它们过夜。第二天，它们起码要被从前胸剪掉些羽毛，以做标记。

来访者的总数在这八天当中高达一百五十只，考虑到今后两年为了继续这项研究必需的资料，我将费力地去寻找这种活物，这个数目可真令人瞠目结舌。大孔雀蛾的茧在我住所附近并非找不到，但至少十分罕见，因为其毛虫的栖息地老巴旦杏树并不太多。那两年的冬天，我将这些衰老的树一一检查过，翻查它们藏于一堆杂乱的木本植物中的树根，可我每次都是无功而返，空手而回！因此，我那一百五十只大孔雀蛾是从远处，从很远的地方，也许是从方圆两千米以外或更远的地方飞来的。它们是如何获知我实验室里的情况而纷纷前来的呢？

有三个信息因素是易感性的决定条件：光线、声音和气味。大孔雀蛾从敞开的窗户飞进来之后，视觉在指引着它们，仅此而已。但是在进来之前，在外面那未知的环境中则不然！说大孔雀蛾具有猞猁[1]那种穿墙视物的视觉不足以说明问题，还必须解释为什么它有一种敏锐的视觉，能够神奇地看见几千米之外的东西。这个问题太大太难，咱们别去讨论了。

声音同样与此无关。胖胖的雌大孔雀蛾虽然能够从很远的地方招引来情人，但它静默无语，连最敏锐的耳朵也听不见它的声音。说它春心萌动、激情颤抖，也许用高倍显微镜可以观察得到，严格地说，这是可能的。但是，我们不要忘了，到访者应该是在很远的距离之外，在数千米之外获得信息的。在这种情况下，我们就别去考虑声学的因素了，否则，就无宁静可言，周围一定是乱哄哄一片。

剩下的就是气味了。在感官范畴内，可以说气味的散发比其他东西更能解释为什么蛾子们会稍作迟疑之后便纷纷前来追逐那个吸引它们的诱饵。是否确实有这么一种类似于我们称为气味的散发物呢？这种散发物又极难发觉，是我们感觉不到，但又能让比我们的嗅觉更敏锐的器官能感觉出来的？得做一个实验，这实验极其简单，就是把这些散发物掩藏起来，用更浓烈而经久的一种气味压住它，成为主导气味，这样一来，微弱的气味就几乎不存在了。

我事先在晚上雄大孔雀蛾将被招至的那个屋子里撒了点儿樟脑。另外，在钟形罩下，在雌大孔雀蛾旁边，我也放了一只装满樟脑的宽大圆底器皿。大孔雀蛾来访时，只需待在房间门口就能闻到这股樟脑味儿。我的巧计未能奏效。大孔雀蛾们像平时一样如约而至，它们闯入房间，穿越那股浓烈的气味，像在没有气味的环境中一样，准确地向钟形罩飞去。

我对嗅觉能否起作用已产生了疑惑。再说，我现在也无法继续实验了。第九天，我的女俘因久等无果已精疲力竭，把未能孵出幼虫的卵产在钟形罩的金属纱网上后死去了。没了雌大孔雀蛾，我也就无事可做，只好等到明年再说。

这一次，我将采取一些预防措施，储备充足的必需品，以便如我所愿

---

① 猞猁：猫科动物，体型像猫但远大于猫。好夜行，活动隐蔽，听觉、视觉很发达。

地重复已经做过的和我考虑要做的实验。说干就干，不必拖延了。

夏日里，我以每只一个苏[1]的价格买了一些大孔雀蛾毛虫。我的几个邻居小孩——我日常的供货者们——对这种交易十分起劲儿。每个星期四，他们摆脱了那令人生厌的动词变位的学习后便跑到田间地头，不时会找到一只大毛虫，用小棍子尖端挑着给我送来。这帮可怜的小鬼不敢碰毛虫，当我像他们抓熟悉的蚕那样用手指捉住毛虫时，他们都吓呆了。

我用老巴旦杏树枝喂养我那昆虫实验室中的大孔雀蛾毛虫，没过几天，便有了一些优等的茧。到了冬天，我在老巴旦杏树根部一丝不苟地寻找，获得了不少成果，补足了我的收集物。一些对我的研究感兴趣的朋友跑来帮我。

最后，通过精心喂养，四处搜寻，求人代捉（身上还被荆条划得伤痕累累），我得到了不少茧，其中有十二只较大较重的是雌性的。

失望一直在等待着我。五月来临，这是个气候变化无常的月份，它把我的心血化为乌有，使我痛心疾首、愁苦不堪。转眼又到了冬季，寒风凛冽，吹掉了梧桐树的新叶，叶落一地。这是天寒地冻的腊月，晚上必须生着旺火，穿上厚厚的冬衣。

我的大孔雀蛾也饱受煎熬。卵孵化得晚了，孵出来一些迟钝呆滞的家伙。我根据雌大孔雀蛾出生的先后，今天一只明天一只地把它们放进一只只钟形罩里，可是很少或者压根儿就没有从外面飞过来探望它们的雄大孔雀蛾。附近倒是有一些，因为我收集的长着漂亮羽饰的实验用雄大孔雀蛾，一旦孵化出来，辨认清楚之后便会被立即关进园子里。它们不管离得远还是就在附近，都很少飞过来，即使来了，也是无精打采的。

也许低温也对提供信息的气味散发物有很大影响，而炎热则可能有利于气味的散发。我这一年的心血算是白费了。唉！这种实验真难呀，因为它总是受季节变换和一些无常因素的制约！

我又开始进行第三次实验。我喂养毛虫，到田野里去寻找虫茧。到了

---

① 苏：法国原辅币名，1 法郎合 20 个苏。

五月，我已经收集了不少。季节很好，符合我的要求。我又见到了一开始导致我进行这种研究的那令人振奋的大孔雀蛾入侵的盛况。

每天晚上都有大孔雀蛾飞来，有时十一二只，有时二十多只。雌大孔雀蛾肚腹鼓鼓的，紧贴在钟形罩的金属网上。它毫无反应，甚至连翅膀都没颤动一下，好像对周围所发生的事情无动于衷。我家人中嗅觉最灵敏的也没有嗅出什么气味；我家亲朋中被拉来做证的听觉最敏锐的也没听见任何响动。那只雌大孔雀蛾一动不动，屏息凝神地等待着。

雄大孔雀蛾三三两两地扑到钟形罩圆顶上，绕着它飞来飞去，不停地用翅尖儿拍打着圆顶。它们之间没有因争风吃醋而发生打斗。每只雄大孔雀蛾都在尽力闯入钟形罩，看不出对其他献殷勤者有任何的嫉妒。徒劳地尝试一番之后，它们厌倦了，飞走了，混入正在飞舞的蛾群中去。有几只绝望的蛾子从那扇敞开的窗户飞走了，一些新来者替代了它们；而在钟形罩的圆顶上，直到十点左右，不断地有蛾子尝试闯入，随即失望而去，随即又有新来者。

钟形罩每天晚上都要挪挪地方。我把它放在北边或南边，放在楼下或二楼，放在住所右侧或左侧五十米开外，放在露天或一间僻静小屋的暗处。这一番神不知鬼不觉的突然搬来搬去，如果不知情者想找可能都找不着，却一点儿也没骗过蛾子们。我的时间与心思全白费了，没有迷惑住它们。

这说明并不是对地点的记忆在起作用。譬如头一天晚上，那只雌大孔雀蛾被放置在住所的某个房间里。羽饰美丽的雄大孔雀蛾飞到那儿舞了两个小时，甚至还有一些在那儿过了一夜。第二天，日落时分，当我转移钟形罩时，雄大孔雀蛾都在外边。尽管寿命转瞬即逝，但新来者仍有能力进行第二次、第三次的夜间远征。这些只能存活一日的家伙首先将飞往何处？

它们了解昨夜幽会的确切地点。我还以为它们将凭着记忆回到那儿去，而在那儿发现人去楼空时，它们将飞往别处继续追寻。但事实与我的期盼恰恰相反。它们谁也没有再出现在昨晚一再光顾的地方，谁都没在那儿做短暂逗留。它们已看出那里没有了人烟，记忆似乎并没有事先向它们提供任何情报。一个比记忆更可靠的向导把它们召唤去了另外的地方。

在此之前，雌大孔雀蛾一直公开地待在金属网眼上。那些到访者在漆黑的夜晚目光敏锐，它们凭借对我们而言简直如同漆黑的夜色的一点儿微光就能看见那只雌大孔雀蛾。如果我把雌大孔雀蛾关进不透明的玻璃罩中，会出现什么情况呢？这种不透明的玻璃罩会让提供信息的气味自由散发或完全阻止它散发吗？

今天，物理学使我们能够发明利用电磁波的无线电报。大孔雀蛾在这个方面是不是可能超越了我们？为了刺激周围的雄大孔雀蛾，通知几千米以外的求爱者，难道刚刚孵化出来的适婚雌大孔雀蛾就已拥有已知的或未知的电波和磁波吗？难道这种电波、磁波会被某种屏障隔断而被另一种屏障放行吗？总而言之，一句话，它是不是会按照自己的方法利用某种无线电呢？我觉得这并非不可能，昆虫是这种高级发明的强者。

于是，我把雌大孔雀蛾放在不同材质的盒子里，有白铁的、木质的、硬纸壳的，全都关得严严实实，甚至还用油性胶泥封上。我还动用了一只玻璃钟形罩，并把它摆放在一块玻璃的绝缘柱上。

在这种严密封闭的条件下，没有飞来一只雄大孔雀蛾，一只也没有，尽管晚上既凉爽又安静，环境宜人。无论是什么材质的——金属的、玻璃的、木质的还是硬纸壳的——密封盒，都使传递信息的物质无法散发出去。

一层两指厚的棉花层也能产生同样的效果。我把雌大孔雀蛾放进一只很大的短颈大口瓶里，用棉花塞住瓶口，扎紧。这足以使周围的雄大孔雀蛾无法知晓我实验室的秘密。没有一只雄大孔雀蛾露面。

反之，我们不把盒子密封，让它微微开着点儿，再把这些盒子放进一只抽屉里，装进大衣橱中。尽管这么藏了又藏，雄大孔雀蛾仍然蜂拥而来，多得就像把钟形罩明显地放在一张桌子上时一样。女俘被放在帽盒里，提进一个关好的壁橱里等待着的那个晚上的情景至今仍历历在目。雄大孔雀蛾们扑向壁橱门，用翅膀不停扑打着，想闯进去。这些过路的“朝圣者”

不知从何处的田野来到此处，它们非常清楚门后面藏着什么。

因此，认为存在类似无线电通信手段的说法，无法让人信服，因为一道屏障无论是良好导体还是不良导体，一经出现便立即阻断了雌大孔雀蛾的信号。为了让信号畅通无阻，传得很远，必须具备一个条件：囚禁雌大孔雀蛾的囚室不能关得严丝合缝，密不透风，要让内外空气相通。这又使我们回到了存在一种气味的可能性上，但那是经我用樟脑所做的实验给否定了的。

我的大孔雀蛾的茧业已告罄，但问题仍然没有弄个一清二楚。第四年我还要继续进行实验吗？我放弃了，原因如下：如果我想跟踪观察一只大孔雀蛾夜间婚礼中的亲昵举动，那是颇为困难的。献殷勤的雄性为达到目的肯定是无须亮光的，但人的视力微弱，在夜间无亮光是看不见什么的。我起码得点上一支蜡烛，但又常常被飞舞的群蝶扇灭。提灯倒是可以免此烦恼，但是它光线昏暗，又会出现阴影，根本无法让你看得清清楚楚。

还不仅是这一点。灯的亮光还会把蛾子从它们的目标旁边引开，使得无法成其美事，而且照得太久，还会严重影响整个晚会的成功。来访者一飞进屋内，便会疯狂地扑向火光，烧坏身上的绒毛，而且，从此因为被烧伤而疯狂，就无法用来取证了。如果它们没有被烧着，被隔在玻璃罩外面，落在火光旁边，便会像被施了魔法似的，不再动弹。

一天晚上，雌大孔雀蛾被放置在餐厅的一张桌子上，正对着敞开的窗户。一盏煤油灯点着，灯上装有一个搪瓷的宽大灯罩，吊挂在天花板上。一些来访者落在钟形罩的圆顶上，在女俘面前表现出急不可耐的样子。另外一些来访者飞过女俘囚室时略微致意一番，便向煤油灯飞去。盘旋片刻之后，它们被搪瓷灯罩的反射光照得迷迷糊糊的，便贴在灯罩下面一动不动了。孩子们已经伸手要去捉它们了。“别动，”我说，“别动。别惊扰它们，别搅扰这些前来光明圣体龛“朝圣”的客人。”

整个晚上，它们全都没有动弹过。第二天，它们仍留在原地，对亮光的迷恋使它们忘掉了爱情。

面对这些迷恋亮光的家伙，精确而长久的实验是无法进行的，因为观察者需要照明。我放弃了对大孔雀蛾及其夜间婚礼的观察。我需要一只习性不同的蛾子，它得像大孔雀蛾一样勇敢地奔赴婚礼，但又能在白天行房。

在用一只满足上述条件的蛾子进行研究之前，暂时先别顾及时间的先后次序，说几句我结束研究之前飞来的最后一只蛾子的事。那是一只小孔雀蛾。

别人不知从哪儿给我弄来一只很棒的茧，它裹着一个宽大的白色丝套。从这个不规则的大褶皱的丝套中，很容易就抽出一只外形似大孔雀蛾茧但体积要小一些的茧来。丝套端口用松散但又聚集的细枝结成网状，可出而不可进，我一眼便看出那是夜间活动的大孔雀蛾的同类。丝套上有编织者的名号。

果然，三月末的一个清晨，那只茧孵出一只雌小孔雀蛾，我立刻把它关进实验室的金属钟形罩里。我打开房间的窗户，好让这件大事传播到田野中去，而且必须让可能前来的探访者自由进入房间。这只被囚的雌蛾贴在金属网纱上，一个星期都没再动一动。

我的小孔雀蛾女囚美丽极了，一身呈波纹状的褐色天鹅绒华服，上部翅膀尖端有胭脂红斑点，四只大眼睛，宛如同心月牙儿，黑色、白色、红色和赭石色混在一起。如果不是色泽发暗的话，几乎就是大孔雀蛾的装饰。这种体形和服饰如此华美的蛾子，我一生中只见到过三四次。我昨天见了茧，但从未见到过雄蛾。我只是从书本上知道雄性比雌性要小一半，体色更加鲜艳，更加花枝招展，翅膀下部呈橘黄色。

我还不了解的陌生贵客——羽饰漂亮的雄蛾，它会飞来吗？在我们周围这一带似乎很少见到它。在它那遥远的藩篱墙中，它能得知这只适婚雌蛾在我实验室的桌子上正等待着它吗？我敢保证它会来的，而且我不会错。瞧，它来了，甚至来得比我预料的还要早。

晌午时分，我们正要吃午饭，因心系可能会出现的情况而尚未用餐的小保尔，突然跑到饭桌前，面颊红通通的。只见一只漂亮的蛾子在他的指间扑扇着翅膀，它在我实验室对面飞舞时，被小保尔一下子捉住了。小保尔递过来给我看，以目光询问我。

“哇！”我说，“正是我们等待的“朝圣者”呀。先别吃了，赶快去看看是怎么回事。回头再吃吧。”

因奇迹的出现，午饭都被遗忘了。雄小孔雀蛾令人难以置信地按时被女囚给神奇地召唤来了。它们历尽艰难曲折，终于一只接一只地飞来了，都是从北边飞过来的。这个情况很有价值。的确，乍暖还寒已经一个星期了。北风呼啸，吹落了老巴旦杏树新绽开的花蕾。这是一场凶猛的风暴，通常在我们这里预示着春天不远了。今天，气候突然转暖，但北风依然呼啸着。

在这段时间，陡变的天气里，飞来找那只雌小孔雀蛾的所有雄小孔雀蛾全都是从北边飞到我的荒石园中的。它们是顺着气流飞来的，没有一只是逆流而来的。如果它们有与我们相似的嗅觉作为罗盘，如果它们是受分解于空气中的有气味的微粒的指引，那它们就应该是从相反的方向飞来才对。如果它们是从南边飞来的，我们就会认为它们是因为闻到风吹来的气味才找到地方的。在北风呼啸，空气十分流畅，什么味道也闻不到的天气里，从北边飞来，怎么可能假定它们在很远的地方就嗅到了我们所说的气味呢？我觉得，有气味的分子不可能顶着强风传给它们。

两个小时里，在灿烂阳光之下，来访的雄小孔雀蛾们在我的实验室门前飞来飞去。其中大部分都在一个劲儿地寻来觅去，或撞墙碰人，或掠地而过。见它们如此犹豫不决，我想它们是因找不到那个引它们飞来的诱饵的确切位置而十分着急。它们从老远飞来，没有弄错方向，可到了地方又拿不准确切地点了。不过，它们迟早会飞进屋内去向女囚致意的，但也不会恋战。下午两点，一切便结束了。一共飞来了十只雄小孔雀蛾。

整整一个星期，每到中午时分，阳光极其明亮时，一些雄小孔雀蛾便会飞来，但数量在减少。前后加起来一共将近四十只。我觉得无须重复实验了，因为不会给我已知的情况再添加资料了，所以我只是注意两个情况。

首先，小孔雀蛾昼间活动，也就是说它们是在光天化日之下举行婚礼的。它们需要足够明亮的阳光。而与它们成虫的形态和毛虫的技艺相近的大孔雀蛾则完全相反，它们需要天黑之后进行。这种相反的习性，谁有本事解释清楚，谁就去解释吧。

其次，一股强气流从相反方向吹散能够给嗅觉提供信息的分子，但并不会像我们的物理学所假设的那样，阻止小孔雀蛾飞抵产生气味的目的地。

为了继续研究，我们需要的是夜间举行婚礼的大孔雀蛾，而不是小孔雀蛾。后者出现得太晚了，我对它并无要求。我需要的是另外一种，不管是什么样的，只要它们在婚庆时敏捷能干即可。这种蛾子，我能获得吗?

螳螂捕食

还有一种南方的昆虫，其令人感兴趣的程度至少与蝉一样，但声名却远不及后者，因为它总是悄无声息。如果上苍赐予它一个深入人心的第一要素——音钹的话，凭着它形体与习性的奇特程度，它准能让著名歌手蝉黯然失色。这里的人称它为“祷上帝”，学名则叫“螳螂”，拉丁文名为“修女袍”[①]。

科学的术语与农民朴素的词汇在这儿是相互吻合的，都把这种奇特的生物看成一个传达神谕的女预言家，一个沉湎于神秘信仰的苦修女。这种比喻由来已久，古希腊人早就把这种昆虫称之为“占卜者”“先知”。农民在比喻方面也是乐行其事的，对所见的模糊材料添油加醋。他们看见在烈日烤炙的草地上，有一只仪态万方的昆虫半挺着身子庄严地立着，它那宽阔薄透的绿翼像亚麻长裙似的掩在身后，两只前腿，也可以说是两只胳膊，伸向天空，一副祈祷的架势。只这些足矣，剩下的由大众的想象去完成。于是，自远古以来，荆棘丛中就住满了这些传达神谕的女预言者、向上苍祷告的苦修女。

啊，天真幼稚的好心的人，你们犯了多么大的错误呀！它的种种祈祷似的神态掩藏着许多的残忍习性。那两只祈求的臂膀是可怕的劫掠工具：

① 修女袍：螳螂的拉丁文直译名，因其长长的膜翅似修女长袍而得名。法国昆虫学界也以此名命名这种昆虫。

它并不捻动念珠，而是要结果一切从旁经过的猎物。人们怎么也想不到螳螂竟然是直翅目草食昆虫中的一个例外，它专门吃活食。它是昆虫界和平居民的威胁者，是埋伏着捕捉新鲜肉食的妖魔。可想而知，它力大无穷，又嗜肉成性，外加它那完美而可怕的捕捉器，使它可能成为野地上的一霸。“祷上帝”可能是凶神恶煞般的刽子手。

如果不提它那能置人于死地的工具，螳螂其实没有什么可以让人担惊受怕的。它甚至不乏典雅优美，因为它体形矫健，上衣雅致，体色淡绿，薄翼修长。它没有张开如剪刀般的凶残大颚，相反它小嘴尖尖，好像就是用来啄食的。借助从前胸伸出的柔软脖颈，它的头可以转动，左右旋转，俯仰自如。昆虫之中，唯有螳螂移动目光，可以观察，可以打量，似乎还有面部表情。

它整个身躯一副安详状，同被誉之为杀人机器的前爪相比起来，反差极大。它的腰肢特别长，而且有力，其功能就是向前伸出狼夹子，不是坐等送死鬼，而是主动去捕捉猎物。捕捉器稍有点装饰，颇为漂亮。内侧饰有一个美丽的黑圆点，中心有白斑，圆点周围有几排细珍珠点儿作为陪衬。

它的大腿更长，宛如扁平的纺锤，前半段内侧有两行尖利的齿刺。里面一行有十二根长短相间的齿刺，长的是黑色，短的是绿色。这种长短齿刺相间增加了啮合点，使利器更加锋利有效。外面的一行简单得多，只有四根齿刺。两行齿刺末端还有三根最长的齿刺。总之，大腿是一把双排平行刃口的钢锯，其间隔着一条细槽，小腿屈起可放入其间。

小腿与大腿有关节相连，伸屈非常灵活，也是一把双排刃口钢锯。齿刺比大腿上的钢锯短些，但数量更多更密。末端有一硬钩，其尖利程度可与最好的钢针相媲美，钩下有一小道槽，槽两侧是双刃弯刀或修枝剪。

这硬钩是高精度的穿刺切割工具，让我一看到就觉得害怕。我在捉螳螂时，不知有多少回被这家伙给钩住，腾不出手来，只好求助别人帮我摆脱这个顽固的俘虏！谁要是不先把刺入肉中的硬钩弄出来就硬拽开螳螂，那他的手肯定会出现道道伤疤。昆虫中没有谁比它更难对付了。这家伙会用修枝剪挠你，用尖钩划你，用钳子夹你，让你几乎无还手之力，除非你用拇指捏碎它以结束战斗。但那样的话，你也就抓不着活的了。

螳螂在休息时，会把捕捉器折起来，举于胸前，看上去并不会伤害别人，一副在祈祷的架势。但是，一旦猎物出现，它就立刻收起它那副祈祷姿态，捕捉器的那三段长构件突地伸展开去，末端伸到最远处，抓住猎物后便收回来，把猎物送到两把钢锯之间。手臂内弯似老虎钳夹紧猎物，这就算是大功告成了。蝗虫、蚱蜢或其他更厉害的昆虫，一旦夹在那四排尖齿交错之中，便一命呜呼了。无论它如何拼命挣扎，又扭又蹬，螳螂那可怕的凶器都会死咬住不放。

如果要对螳螂的习性进行系统研究的话，必须要在家中饲养螳螂。野外无拘无束的情况下，是研究不了的。饲养它并不困难，因为只要好吃好喝地伺候，它就不在乎被囚在钟形罩中。我们只要每天给它精美食物，天天换样儿，那它就不怎么会因失去荆棘丛而感到遗憾了。

我准备了十来只宽大的金属网罩，用来关押我的囚徒。同饭桌上罩饭菜防苍蝇的网罩一样，只是每一个罩子都扣在一个装满沙子的瓦罐上。笼里的一束干百里香、一块给螳螂产卵用的石片，就是它的全部家当。这一座座的小屋排放在我动物实验室的大桌子上，那儿白天大部分时间日照充足。我把我的俘虏关在笼子里，有的单独囚禁，有的集体关押。

我是从八月下旬开始在路边干草堆中和荆棘丛里看到成年螳螂的。肚子已经很大的雌性螳螂日渐增多，而它们瘦弱的雄性伴侣却比较少见。我有时得花很大的劲儿才能给我的那些雌性俘虏配对，因为囚笼中那些雄性小个子经常被悲惨地吃掉。这种惨剧我们先按下不表，先来说说那些雌性螳螂。

雌性螳螂饭量极大，喂养时间长达数月，所以食物的维系并非易事。我几乎必须每天更换食物，而大部分食物都是被它们稍微尝上几口便不屑地弃之不食了。我敢断言，螳螂在它们的出生地荆棘丛中，应更注意节约。由于猎物不充足，它们会把到手的食物吃干净，可在我的笼子里，它们就大手大脚了。常常是咬上几口之后，便把那鲜美的食物撇下不吃了。它们似乎在以这种方式排遣被囚禁之烦恼吧。

为了对付这种奢侈浪费，我必须寻找援助了。附近的两三个无所事事的小家伙在我的面包片和甜瓜块的引诱下，每天早上和晚上跑到周围的草从中去捉活蹦乱跳的蝗虫、蚱蜢，然后用芦苇编的小笼子给我提来。而我也没闲着，手拿网子，每天在围墙周围转悠，企盼能为我的住客们弄点鲜美的猎物。

这些美味食物是我想用来了解螳螂的胆量和力气到底有多大的。在这些美味之中，大灰蝗虫个头儿要比吃它的螳螂大得多；白额螽斯的大颚有力，我们的指头都怕被它咬伤；蚱蜢怪模怪样，扣着金字塔形的帽子；葡萄树距螽的钹儿嘎嘎响，圆乎乎的肚腹上还长有一把大刀。除了这些难以下嘴的野味外，还有两种可怕的野味：一个是圆网蛛，肚子似圆盘，带有彩花边饰，大小如一枚二十苏的硬币；另一个是冠冕蛛，形象凶恶，鼓腹腆肚，令人望而生畏。

当我看到笼子里的螳螂一见到面前的各种猎物便勇猛地冲上前去的劲头儿时，我便知道它们在野地里遇见类似对手时也一定是毫不畏缩的。如同在我的金属网罩中尽享我慷慨奉上的美味一样，在荆棘丛中，它们必定也毫不客气地享用偶然送上门来的肥美猎物。对大猎物的这种捕猎充满危险，这绝不是它们心血来潮之举，应该是习以为常的事。然而，这种捕猎似乎并不多见，因为机会不多，也许这是螳螂的一大憾事。

各种各样的蝗虫，还有蝴蝶、蜻蜓、大苍蝇、蜜蜂以及其他中不溜儿的昆虫，都是螳螂日常所能抓到的猎物。反正，在我的笼子里，大胆的女猎手在任何猎物前都没有退缩过。无论是灰蝗虫还是螽斯，无论是圆网蛛还是冠冕蛛，迟早都逃不脱它的利爪，在它的锯齿内动弹不得，被它津津有味地嚼食。这种情形是值得讲述一下的。

一看见罩壁上傻乎乎靠近的大蝗虫，螳螂痉挛似的一颤，突然摆出吓人的姿态。电流击打也不会产生这么快的效应。那转变是如此突然，样子是如此吓人，以致一个没有经验的观察者会立即犹豫起来，想把手缩回来，生怕发生意外。即使像我这么已习以为常的人，如果心不在焉的话，遇此情况也不免吓一大跳。这就像突然从一个盒子里弹出一种吓人的东西——一种小魔怪似的。

只见它的鞘翅随即张开，斜拖在两侧；双翼整个儿展开，似两张平行的船帆立着，宛如脊背上竖起阔大的鸡冠；腹端蜷成曲棍状，先翘起来，然后放下，再突然一抖，放松下来，随即发出“噗、噗”的声响，宛如火鸡展屏时发出的声音一般，也像是突然受惊的游蛇吐芯子时的声响。它的身子傲岸地支在四条后腿上，上身几乎呈垂直状。原先收缩相互贴在胸前的劫持爪，现在完全张开，呈十字形挺出，露出装点着排排珍珠粒的腋窝，中间还露出一个白心黑圆点。这黑的圆点恍如孔雀尾羽上的斑点，再加上那些象牙质的纤细凸纹，都是它战斗时的法宝，平时是密藏着的，只有在打斗时为了显得凶恶可怕、盛气凌人才展露出来。

螳螂以这种奇特姿态一动不动地待着，目光死死地盯住大蝗虫，对方移动时，它的脑袋也跟着稍稍转动。这种架势的目的是显而易见的：螳螂是想震慑、吓瘫强壮的猎物，如果后者没被吓破胆，后果将不堪设想。它成功了吗？谁也搞不清楚大蝗虫的脑袋里在想些什么。它那麻木的面罩上没有任何的惊恐神色呈现在我的眼前。

但是，可以肯定，被威胁者是知道危险的存在的。它看见自己面前挺立着一个怪物，高举着双钩，准备扑下来；它感到自己面对着死亡，但它并没有在还来得及时逃走。它本是个长腿的蹦跳者，善于高跳，轻而易举地就能跳出对方利爪的范围，可它却偏偏傻乎乎地待在原地，甚至还慢慢地向对方靠近。

据说，小鸟见到蛇张开的大嘴会吓瘫，看见蛇的凶狠目光时会动弹不得，任由对方吞食。也许现在，大蝗虫差不多也是这样一种状态。现在它已进入对方的威慑范围。螳螂将两只大弯钩猛压下来，爪子一抓，双锯合拢、夹紧。不幸的大蝗虫已无还手之力，它的大颚咬不着螳螂，后腿只是胡乱地蹬踢。它的小命休矣。螳螂收起它的战旗——翅膀，复现常态，开始享用美餐。

在抓获蚱蜢和距螽这种危险小于大灰蝗虫和螽斯的昆虫时，螳螂那魔怪般的姿态就没有那么咄咄逼人，持续时间也没那么长，它只需将大弯钩一伸就解决问题了。对付蜘蛛也是如此，它只需拦腰抓住对方，就用不着担心其毒钩了。对于日常食物里不起眼的蝗虫，无论是在我笼子里的还是野地里的，螳螂都极少用它的震慑法子，它只是一把抓住闯进它的势力范围的冒失鬼就完事了。

当要捕食的活物可能会进行顽强抵抗时，螳螂则不敢怠慢，要利用一种震慑、恫吓猎物的方法，让自己的利钩有办法稳稳地钩住对方。随后，它的狼夹子便把吓傻了而无还手之力的受害者夹紧。它就是以这种迅猛的魔怪般的姿势把自己的猎物吓瘫的。

在这种怪诞的姿势中，双翅起了很大的作用。螳螂的翅膀很宽大，外边缘呈绿色，其余部分是无色半透明的；纵向上有许多脉络，呈扇面状辐射开来；还有一些更细的、横向的脉络，成直角与纵向翅脉相切，与之形成无数的网眼。当螳螂呈魔怪姿态时，翅膀展开，立成两个平行的平面，几乎相互触及，犹如昼间休憩的蝴蝶的翅膀一样。两翅之间翘卷着的腹端突然剧烈抖动起来。肚腹摩擦翅脉，发出一种喘息般的声响，我把它比作处于防御状态的游蛇吐芯子的声音。如果要模仿这种声响，只需用指尖快速擦过展开的翅膀的正面即可。

几天没吃食的螳螂，因饥饿难忍，能一下子把与它相同大小或比它个头儿大的灰蝗虫全部吃掉，只撇下其翅膀，因为翅膀太硬无法消受。吃光这么大的猎物，两个小时足够了。狼吞虎咽的情况甚是罕见。我曾见到过一两次，当时就一直纳闷儿：这个饕餮者是怎么找到地方存这么多的食物的？我惊叹它的胃的高超特性，竟能让食物立即消化、溶解，穿肠而过。

在我的笼子里，蝗虫是螳螂的家常饭菜，大小不等，种类各异。看着螳螂用劫持爪上的那对钳子夹住蝗虫蚕食，实属一件趣事。虽说它那尖尖小嘴似乎并不像是为了大吃大喝的，可猎物却被它吃光了，只剩下双翅，而且，翅根上多少有点肉的地方都没有放过，爪子、硬皮全都穿肠而过。有时候，螳螂抓住蝗虫一条肥硕的后大腿，送到嘴边细细地品味着，一副心满意足的神态。那肥硕的大腿对它来说可能是上等美味，犹如一块上好羊肉对于我们似的。

螳螂先从猎物的颈部下口。当一只劫持爪拦腰抓住猎物时，另一只则按住猎物的头，使脖颈上方断裂开来。于是，螳螂便把尖嘴从这失去护甲的地方插进去，锲而不舍地啃吃开来。猎物颈部裂开了大口，头部淋巴已遭破坏，蹬踢也就随之停止，成了一具没有知觉的尸体。螳螂因而可以自由选择，想吃哪儿就吃哪儿了。

灰蝗虫

我刚刚看到一件激动人心的事：一只蝗虫在进行蜕皮的最后步骤，成虫从幼虫的壳套中钻了出来。情景壮观极了。我观察的是一只灰蝗虫，它是蝗虫族类中的“巨人”。九月葡萄收获季节，在葡萄树上常常见到它。它身体有一指长，所以比别的蝗虫观察起来方便得多。

幼虫肥胖难看，但已初具成虫的粗略模样，通常呈嫩绿色，但也有的是青绿色、淡黄色、红褐色，甚至有的已呈像成虫的那种灰色了。其前胸呈明显的流线型，并有圆齿，还有小的白点，多疣；后腿已像成年蝗虫那样粗壮有力，饰有红色纹路，而长长的上腿上长着双面锯齿。

再过几天，鞘翅就将大大超过肚腹，但目前还只是两片不起眼的三角形小羽翼，上端贴在流线型前胸上，下端边缘往上翘起，呈尖形披檐状。鞘翅勉强能遮住裸露的蝗虫背部，宛如西服的垂尾，因省料子而剪得不够长，显得十分难看。鞘翅遮盖着的是两条细长小带子，那是翅膀的胚芽，比鞘翅还要短小。

总之，很快将成为灵巧漂亮的羽翼，眼下还是两块为节省布料而剪得难看至极的破布头。从这堆破烂玩意儿里将有什么东西跑出来呢？是一对极其宽阔而美丽的翅膀。

咱们先仔细地观察一番事情的经过。幼虫感到自己已经成熟，可以蜕变了，便用后爪和关节部位抓住网纱。而前腿则收回，交叉在胸前待命，以支撑之后背朝下躺着的成虫翻转身来。鞘翅的鞘——三角形小翼成直角向两边张开；那两条翅膀胚芽的细长小带子在暴露出的间隔处的中央竖起，并微微分开。这样，蜕皮的架势业已摆好，稳稳当当的。

要蜕皮首先必须让旧外套裂开。在前胸前端下部，由于反复地一张一缩，便产生了推动力。在颈部前端，也许在将要裂开的外壳掩盖下的全身都在进行着这种一张一缩的反复运动。关节部位薄膜细薄，可以让人一眼看到这些裸露地方的张缩运动，但前胸中央部位因有护甲挡着而看不出来。

蝗虫身体中央部位血液在一涌一退地流动着。血液涌上时宛如液压打桩机一般一下一下地撞击着。血液的这种撞击，机体集中精力产生的这种喷射，使得外皮终于沿着因生命的精确预见而准备好的一条阻力最小的细线裂开。裂缝沿着整个前胸的流线体张开，宛如从两个对称部分的焊接线裂开一样。外套的其他部分都无法挣开，只有在这个比其他部位都薄弱的中间地带裂开。裂缝稍稍往后延伸了一点儿，下到翅膀的连接处，再转到头部，直至触角底部，在此处分成左右两支。

背部从这个裂口处显露出来，软软的，苍白的，稍稍带点灰色。背部缓慢地拱起，越拱越大，终于全拱出来了。

随后，头也拱出来了。外壳被撇在原地，完好无损，但两只玻璃状的眼睛什么也看不见，样子极怪；触角的套子没有一丝皱纹，也未见任何异样，处于自然状态，垂在这张变成半透明的了无生气的脸上。

触角在从这么窄小又裹得如此紧的外套中钻出来时并没有遇到任何阻力，所以外套没有翻转，没有变形，连一点儿褶皱都没有。触角的体积与外壳大小一样，而且同样是有节瘤的，可它却并未损坏外壳，轻易地从中钻了出来，如同一个光滑直溜儿的物件从一个宽大无障碍的管子里滑落出来一般。后腿的伸出也一样轻而易举，且更令人震惊。

现在该前腿，然后是关节部位摆脱臂铠和护手甲了，但也未见有丝毫的撕裂，未见有丝毫的褶皱，未见有丝毫的自然位置的变化。此时蝗虫只用长长的后腿的爪子抓住网罩。它垂直悬吊着，头冲下，我一碰纱网，它就像钟摆似的摆动起来。它的悬吊支点是四个细小的弯钩。

如果这四个弯钩一松，没抓住网纱，这只蝗虫就没命了，因为除了在空中，它的巨大翅膀在其他地方是张不开来的。但是，这些后爪抓得牢牢的，因为在它们从外壳伸出来之前，生命就使它们变得坚硬牢固，能稳稳当当地承担随后的从外壳中挣脱的使命。

现在鞘翅和翅膀开始出来。那是四个窄小的破片，隐约可见一些条纹，状如被撕裂的小纸绳，顶多只有最终长度的四分之一。它们软极了，支撑不了自身重量，耷拉在头朝下的身子两侧。翅膀末端无所依靠，本该冲着后部，但现在却冲着倒挂的蝗虫的头部。蝗虫未来的飞行器官那副惨相，如同原本肉乎乎的四片小叶子被暴风雨打得破败不堪的模样。

为了让自己臻于完善，必须进行一项深入细致的工作。这项机体内的工作已经在充分地进行着，也就是把黏液凝固，让不成形的结构定型。但是，从外部丝毫看不出来其内部正在进行这种神秘的实验。从外表看上去，蝗虫似乎毫无生气。

这期间，后腿挣脱开来。粗大的大腿呈现出来，向内的一侧呈淡粉红色，但很快便变成了鲜艳的胭脂红。后腿出来得很容易，蝗虫把收缩的骨头一伸，道路便畅通无阻了。

但小腿就是另一码事了。当蝗虫成为成虫时，整条小腿上竖着两排坚硬锋利的小刺。另外，下部顶端有四个有力的弯钩。这是一把货真价实的锯，有两排平行的锯齿，极其粗壮有力，就是小了点儿，要不然真可以与采石工人的大锯相媲美。幼虫的小腿结构相同，因此也是裹在有着同样装置的外壳里。每个弯钩都嵌在一个同样的钩壳之中，每个齿壳都与另一个同样的齿壳相啮合，而且咬合得严丝合缝，即使用刷子刷上一层清漆来替代要蜕掉的外壳，也不如它们贴得紧。

然而，胫骨的这把锯子蜕出来时却没有让紧贴着的外壳的任何地方有一点点损伤。如果我没有一再地仔细观察，我是不敢相信的。被抛弃的小腿护甲完完整整，毫发未损。无论末端的弯钩还是双排锯齿，都没有弄坏一点儿软嫩的外壳。那外壳细嫩得一口气都能把它吹破，但尖利的大耙在其间滑动却未留下一丝的擦痕。

我远未想到会是这么一种情况。看到那披着刺棘的铠甲时，我就以为小腿上的外壳会像死皮似的一块块脱落，或者被擦碰掉。但事实却远非如此，这大出我所料！

弯钩和刺棘毫不费力、没有一点儿阻碍地从薄膜里出来了，可它们是能让小腿形同一把可锯断软木头的锯子的啊！脱下来的衣服靠着其爪状外皮，钩在网罩的圆顶上，无一丝一毫的褶皱和裂缝，用放大镜也没看到有什么硬伤。外壳蜕皮前后完全一模一样。那蜕下的护胫也同那条真腿一样，两者无丝毫的差异。

谁要是让我们把一把锯子从贴在其上的极薄的薄膜套里抽出来而又不对薄膜套有丝毫损伤，那我们必然哈哈大笑，因为这根本就办不到。但生命却嘲弄了这类不可能。生命在必要时有办法实现荒诞的事情，这一点蝗虫的爪子就告诉了我们。

既然胫骨锯一出套就那么坚硬，所以不弄碎紧紧地裹住它的套子，它肯定是出不来的。但困难被它解决了，因为胫甲是它唯一的悬挂带，必须绝对地完好无损，才能给它提供牢固的支撑，直至它完全摆脱出来。

正在努力挣脱的腿还不能行走，它还没有达到那种硬度。它非常软，极易弯曲。我对它的蜕皮部分做了实验，我把网罩倾斜，便看到已经蜕皮部分因受重力影响，随我的意愿弯曲，呈细小的带状弹性胶质也没什么弹性了。但是，它很快就硬了起来，只几分钟工夫，它便具有了所必需的硬度。

再往前些，在外套遮住我看不见的部分里，小腿肯定很软，处于一种极具弹性的状态，可以说是流体状的，这使得它几乎可以像液体一样从通道中流出来。

小腿上这时已经有锯齿了，但并不像它出来之后那么尖利。的确，我可以用小刀尖替小腿部分地剔去外壳，并拔除被薄膜紧裹着的小刺。这些小刺是锯齿的胚芽，是柔软的肉芽，稍受外力便会弯曲，外力一除又立刻恢复原状。

这些小刺向后仰倒以利于蜕出，而随着小腿的往外伸出，它们也在逐渐地竖起、变硬。我所观察着的不是单纯地把护腿套蜕去，露出在盔甲中已成形的胫骨，而是一种令我惊讶不已的迅速的诞生过程。

螯虾的钳子在蜕皮时把两只手指的嫩肉从硬如石头的旧套中挣脱出来，情况差不多也是这样，但细腻精确的程度却远不及蝗虫。

现在，小腿终于自由了。它们软软地折进大腿的骨沟里，一动不动地成熟起来。肚腹蜕皮了，它那件精细的外套出现了皱纹，再往上蜕去，直至顶端。只有顶端在壳内卡了一会儿，除此而外，蝗虫全身都已露在外面。它垂直地吊挂着，头朝下，由现已空了的小腿护甲的钩爪钩住。

蝗虫一动不动，后部由破烂衣衫固定着。它的肚子鼓胀得非常之大，看上去像是由储存的机体液汁撑起来的。翅膀和鞘翅很快就要动用这些液汁了。蝗虫在休息，在恢复元气，我一直这么等了有二十分钟。

然后，只见它脊椎一着力，由倒悬改为正挂，用前跗节抓牢挂在头上的旧壳。用脚倒钩在高空秋千上倒挂着的杂技演员为了正过身来，腰部也没有这么用力。这么用力的一个翻转之后，其他的就不在话下了。

蝗虫依靠自己刚刚抓住的支撑物，便稍稍往上爬，碰到了罩子的网纱，这网纱恍若在野地里蜕变时所依托的灌木丛。它用四只前爪把自己固定在网纱上，这么一来肚腹末端就完全解脱了，然后它又猛地最后一挣，旧壳便掉了下去。

旧壳的落下让我颇感兴趣，这使我想起了蝉衣是如何顽强坚毅地顶着凛冽寒风而未从挂住的小树枝上掉下去的。蝗虫的蜕变方式几乎与蝉一模一样。可蝗虫的悬挂点怎么会那么不牢固呢？

只要挺身动作没结束，弯钩就牢牢地钩住网纱，而这个动作一做完，似乎全身都动摇了，稍微一动旧壳便脱落下来。足见这时的平衡很不稳定，这就再一次显出蝗虫从外套中蜕出来是何等精确无误。

我因为找不到更好的术语，所以便用了“挺身”一词，其实这并不完全贴切。“挺身”意味着猛烈，而这个动作中没有猛烈。因为平衡不稳定，稍微一用力，蝗虫便会摔下来，一命呜呼，或者至少它的飞行器官因无法展开而将成为一堆破烂。蝗虫并不是硬挣出来的，而是小心谨慎地从外套中滑动出来，仿佛有一根柔软的弹簧在把它轻轻弹出。

我们再回头看看那些蜕皮之后表面上没有丝毫变化的鞘翅和翅膀吧。它们仍旧残缺不全，几乎只是像是上面有细竖条纹的小绳头。它们要等到幼虫完全蜕皮并恢复正常姿态之后才会展开。

我们刚才看到蝗虫翻转身子，头朝上了。这种翻身动作足以让鞘翅和翅膀回到正常位置。原先它们极其柔软，因自身重量而弯曲地垂着，自由的一端朝着倒置的头部。此刻，它们再次因自身的重量而被调整姿势，处于正常方向。鞘翅和翅膀上已不再有弯曲的花瓣，颠倒的位置也调整过来，但这并没使它们那不起眼的外表有任何的改变。

翅膀完全张开时呈扇形。一束轮辐状的粗壮翅脉横贯翅膀，成为可张可缩的翅膀构架。翅脉间，无数横向排列的小支架层层叠起，使整个翅膀成为一个带矩形网眼的网络。鞘翅粗糙且过小，也是这种网络结构，但网眼是方块形的。

鞘翅和翅膀状若小绳头时，看不出这种带网眼的组织。上面仅仅有几条皱纹、几条弯曲的小沟，表明这些残缺的肢体是经精巧折叠使体积最小的织物构成的东西。

翅膀的展开是从肩部附近开始的。那儿一开始看不出有什么变化，但很快便现出一块半透明的纹区，有着清晰而美丽的网络。渐渐地，这块纹区用一种连放大镜都观察不到的缓慢速度一点点扩张，致使末端那胖得不成形的东西在相应地缩小。在逐渐扩展和已经扩展的这两部分的相接处，我怎么看也看不出个所以然来：我什么也没看出来，如同我在一滴水中什么也看不出来一样。但是，少安毋躁，不一会儿，那方块网络组织就非常清晰地显现出来了。

根据初步观察，我们真的会以为一种可以组织成实物的液体突然凝固成带肋条的网络了；我们还会以为眼前的是一种晶体，因其突如其来，且颇像显微镜载玻片上的溶化盐。其实并非如此，情况不是这样的。生命在其创作中是没有这种突如其来的。

我折断一只发育了一半的翅膀，用大倍数的显微镜对着仔细观察。这一次，我满意了。在似乎逐渐结网的两部分的交接处，这个网络实际上已预先存在。我很清楚地辨别出其中的已经粗壮的竖翅脉；我还看见其中横向排着的支架，尽管它们确实还很苍白且不凸出。我成功地把末端的几块碎片展开来，找到了要找的一切。

这已经证实了。翅膀此刻并不是织布机上由电动梭子生产出来的一块布料，而是一块已经完全织成的成品布料。它所欠缺的只是展开和刚性，无须费多少事，就像熨衣服时用熨斗一熨就成了一样。

三个多小时过后，鞘翅和翅膀就全部展开了。它们竖立在蝗虫背上，呈一张大帆状，忽而无色，忽而嫩绿，如同蝉翼一开始那样。想到它们原先只像个不起眼的小包袱，如今却展开得这么宽大，真令人拍案叫绝。这么多东西在那小包袱里怎么装得下呀！

小说中说过一粒大麻籽儿里装着一位公主的全套衣裳。而我们这儿所见的是另一粒更加惊人的籽儿。小说里的那粒大麻籽儿为了发芽不断地生长繁殖，最后用了多年的时间才长出办嫁妆所需要的那么多大麻来，而蝗虫的这粒“籽儿”，短时间内便长出了一对漂亮的大翅膀。

这个竖起四块平板来的绝妙大翅膀缓慢地坚硬起来，还增加了色彩。第二天，那颜色便已定型。翅膀第一次折合成一把扇子，贴在自己应在的地方；鞘翅则把外边缘弯成一把钩贴在体侧。蜕变完成了。大灰蝗虫只剩下在灿烂的阳光下使自己更加壮实，使自己的外衣晒成灰色的过程了。在它享受自己的快乐时，我们还是稍稍回头看看。

前面说过，在紧身甲顺着底部中线裂开后不久便从外套中出来的那四个残缺不全的东西，包含着有着翅脉网络的鞘翅和翅膀，这网络虽然谈不上完美无缺，但至少整体看来无数细部已经定型。为了打开这寒碜的包袱，并让它变成美丽的翅膀，只需让起压力泵作用的机体把储存着为此刻而用的液汁注入已准备好的地方去即可，而这一时刻是最为辛劳的时刻。通过这个事先弄好的管道，一股细流便把翅膀给撑开了。

但是，仍旧包裹在外套里的这四片薄纱究竟是什么情况呢？幼虫翅膀的镫刀、三角翼端是不是一些模具，按照它们那弯曲折叠的皱襞的模样，把包裹着的东西加工定型，从而编织出鞘翅和翅膀的网络？

如果我们看到的不是真正的模具，我们就可以稍许歇上一歇了。我们会想：用模具铸出来的东西跟凹模一样，这是很简单的。但是，我们脑子的歇息只是表面的，因为我们必然会想，模具那样复杂的结构也得有自己的出处呀！我们也别想得那么深。对我们来说，这一切可能都是两眼一抹黑的。我们只限于所观察到的情况就行了。

我把一只已成熟要蜕变的幼虫的一个翼端放在放大镜下仔细观察，看到上面有一束呈扇形辐射开来的粗壮翅脉。其间夹杂着另外一些苍白而细小的翅脉。最后，还有许多很短的横线，更加细微，弯成“人”字形，补足了这个组织。

这就是未来鞘翅的简略雏形。它与成熟了的鞘翅真是有天壤之别！与建筑物梁木的翅脉的辐射状布局完全不一样，由横翅脉构成的网络丝毫不像未来的复杂结构。继粗略雏形之后的是极其复杂的结构，而在粗糙的基础上的是臻于完善。翅膀的翼及其结果（最终的翅膀），也同样是这种情况。

当准备状态和最终状态都呈现在眼前时，就一目了然了：幼虫的小翼并不是按其模样加工材料并按照其凹模来制造鞘翅的简单模具。

不是这样的。所期待的包裹状薄膜还没在这个雏形当中，这个包裹一旦打开，其组织之大与复杂将令我们惊讶不已。或者更确切地说，这个包裹状薄膜就存在于雏形中，却是处于潜在状态。在成为真正的实物之前，它只是个虚拟形态，但可以变成实物。它存在于雏形之中，就像橡树就存在于橡栗之中一样。

翅膀的镫刀和鞘翅的翼端没有被固定的边缘为一圈半透明的小肉球所包围。经高倍放大镜放大之后，可以看见其中有几个似有似无的未来锯齿的雏形。这很可能是生命使其物质运动的工地。没有任何可见的东西使人感觉到那个神奇的网络的存在，我们感觉不到的这个网络的每一个网眼都将会有自己明确的形状及其精确的位置。

因此，能使这种可以组织起来的材料具有薄纱状，并让脉序构成一个难以绕出的迷宫，势必有比模具更巧妙更高级的结构，势必有一张标准的平面图，势必有一个让每一个原子进入规定位置的理想的施工说明书。在材料动起来之前，外形已经明确地勾勒出来，供塑性液流流动的管道也已经铺设好了。我们建筑物的砾石已按照建筑师的施工说明书码放好了；它们先按设想的码放，然后真正地垒砌起来。

同样，蝗虫翅膀这个从不起眼的外套中挣脱出来的美丽的花边薄翼，让我们知道了有另一位建筑师，它画出了一些平面图，生命则按这些图去建造。

生物的诞生方式多种多样，有比蝗虫的诞生更让人惊叹不已的，但是，那都是在不知不觉中进行的，被时间这巨大的帷幕遮盖住了。如果我们不具备持之以恒的精神，那神秘缓慢的进程就不会让我们看到最激动人心的场面。而蝗虫的蜕变却不一样，快得出奇，所以必须全神贯注，即使你在犹豫时也不能放松警惕。

谁要是想看一看生命是以多么不可思议的灵巧在工作，但又不想枯燥乏味地等候的话，那就去看葡萄树上的大蝗虫好了。种子发芽，叶子舒展，花朵绽放都极其缓慢，我们的好奇心难以得到满足，但葡萄树上的大蝗虫可以代替了却我们的心愿。我们无法看到小草的缓慢生长，但我们却能十分清楚地观察到蝗虫的鞘翅和翅膀的蜕变过程。

看到这个“大麻籽儿”几个小时就变成了一张漂亮的大帆，真让人目瞪口呆。啊！生命在编织蝗虫的翅膀，它真不愧是个能工巧匠，而蝗虫只是那些微不足道的昆虫中的一种而已。老博物学家普林尼谈到蝗虫时说道：“葡萄树上的蝗虫在这个刚向我们指出的不为人知的一个角落，显示出它是多么强大、多么聪慧、多么完美！”

我听说有一位博学的研究者，他认为生命只不过是物理力和化学力的一种冲突而已，他苦思冥想，希望有一天能以人工的方法获得那种可加以组织的材料，亦即行话所说的“原生质”。如果我有这种能力，我会急于满足这位雄心勃勃的人的。

喏，就这样，你准备好了各种各样的原生质。经过深思熟虑和耐心细致、谨慎小心的深入研究，你的愿望实现了，你从你的实验仪器中提取了一种易于腐败、过几天就发臭的蛋白质黏液。总之，是一种很脏的玩意儿。

你将如何处置你的这一产品?

你将把它组织起来吗?你将给它以活的建筑结构吗?你将用一种注射器把它注入两片不会搏动的薄片中去，以获取哪怕是一只小飞虫的翅膀吗?

蝗虫差不多就是按这种方法干的。它把它的原生质注入小翅膀的两个胚层之间，材料也就在其间变成了鞘翅，因为它在那儿有我们前面所说的原型作为指引。它在自己行程的迷宫中按照先于它存在并且已制定好的施工说明书行动。

这种对形状进行协调的原型，这个事先存在的调节物，你的注射器里有吗?没有。所以说，你就把你的产品扔掉吧。生命是绝不会从这种化学垃圾中迸发出来的。

绿蝈蝈

现在已是七月中旬了，按照气象学，三伏天[①]刚刚开始。但实际上，酷热赶在日历的前头到来，这几个星期以来，简直是酷热难当。

今晚，村子里举行庆祝国庆的晚会。[②]村童们正围着一堆旺火欢蹦乱跳，火光影影绰绰地映到教堂的钟楼上面，咚咚的鼓声伴随着钻天猴烟火的唰唰声。这时候，晚上九点钟，习习的凉风吹着，我独自躲在暗处，侧耳细听田野间欢快的音乐会。这是庆丰收的音乐会，它比此时此刻在村中广场上那烟花、篝火、纸灯笼还有劣质烧酒组成的节日晚会更加庄严壮丽，虽简朴但却美丽，虽恬静但却具有威力。

夜已深了，蝉鸣声止。整个白昼，它们饱尝阳光和炎热，尽情欢唱，而夜晚来临，它们要歇息了，但是常常被搅扰得无法休息。在梧桐树浓密的枝杈中，会突然传来一声如哀鸣般的闷响，短促而凄厉。这是被绿蝈蝈突然袭击所惊扰的蝉的绝望哀号。绿蝈蝈是夜间凶猛凌厉的猎手，它向蝉扑去，拦腰将蝉抱住，把它开膛破肚，掏心取肺。欢歌曼舞之后，竟是杀戮。

在我的住处附近，绿蝈蝈似乎并不多见。去年，我计划着研究研究这

① 三伏天：一年中最热的一段时间，分初伏、中伏、末伏三个阶段，大约处于阳历七月中下旬至八月上旬之间。

② 7 月 14 日是法国的国庆日。

种昆虫，但是一直没有找到它，只好恳求一位看林人帮忙。终于他帮我从拉加尔德高原弄到两对绿蝈蝈。那里是严寒地区，山毛榉现在正开始往旺杜峰[①]上长。

好运总是要先捉弄一番坚忍不拔者，然后才向着他微笑。去年久寻不见的绿蝈蝈，今夏已经几乎随处可见。我用不着走出我那狭小的园子就能捉到它们，想捉多少就有多少。每天晚上，我都听见它们在茂密的树林草丛中鸣叫。我得把握好这个时机，机不可失，失不再来。

自六月份起，我便把我所捉到的一只只绿蝈蝈关进一只金属网钟形罩中，下面是一只瓦罐，铺了一层沙子作底。这漂亮的昆虫简直棒极了，全身淡绿色，身体两侧有两条淡白色的饰带。它体形优美，身轻体健，一对罗纱大翅膀是蝗虫科昆虫中最优雅美丽的。我因捉到这样一些俘虏而扬扬自得。它们将会告诉我些什么呢？等着瞧吧。眼下必须把它们喂养好。

我给这帮囚徒喂莴苣叶。它们果然在啃咬，但是吃得极少，而且一副不屑吃的样子。我很快就弄明白了：我养的是一些不太愿意吃素的家伙。它们需要别的，看上去是想捕捉活食。但到底是哪种活食呢？一个偶然的机会让我知道了是什么。

破晓时分，我在门前溜达，突然旁边一棵梧桐树上掉下点儿什么东西，还吱吱地在叫。我赶忙跑上前去。是一只蝈蝈在掏被它抓住的一只蝉的肚腹。蝉徒劳地鸣叫、挣扎，蝈蝈始终紧咬住不放，把脑袋深深扎进蝉的内脏中，一小口一小口地往外撕拽。

我明白了：蝈蝈一大早在树的高处趁蝉歇息时发动了袭击，受袭的蝉猛然一惊，随即进攻者和被袭者扭成一团跌落下来。从那次以后，我多次看到类似的屠杀场面。

我甚至见到过胆量过人的蝈蝈蹿起追扑晕头转向乱飞逃命的蝉，犹如在高空中追逐云雀的苍鹰。与胆量过人的蝈蝈相比，猛禽都略逊一筹。苍

① 旺杜峰：法国境内阿尔卑斯山脉和比利牛斯山脉的制高点，位于普罗旺斯。作者法布尔曾多次登上旺杜峰进行考察。

鹰专攻比自己弱小的动物，而蝗虫类则相反，攻击比自己个头儿大得多、强壮得多的庞然大物，而这场个头儿相差许多的肉搏的结果是小个头儿必赢无疑。蝈蝈有极强的下颚和利爪，很少不把对手开膛破肚，而后者因没有武器，只有哀号和挣扎的份儿了。

要紧的是要把猎物攫住，这倒并不难，趁夜间猎物打盹儿的工夫下手即可。凡是被夜巡的凶猛的蝈蝈撞上的蝉都难免惨死。这就可以理解了，为什么夜阑人静蝉声停止之时，有时会突然听见树冠中传出吱吱的惨叫声。那是身着淡绿色衣服的强盗刚刚捉住一只已入睡的蝉。

我找到我的食客们所需的食物了，我就用蝉来喂养它们。这道菜非常合它们的胃口，所以两三个星期的工夫，我那笼子里就一片狼藉，蝉脑袋、空胸壳、断翅膀、断肢碎爪，无处不在，几乎只有肚腹整个儿不见了。肚腹是块好肉，虽然营养成分不高，但看起来味道很好。

确实，蝉腹中的嗉囊里积存着糖浆，那是蝉用自己的小钻从嫩树皮里汲出来的香甜汁液。是否就因为这种糖浆，蝉的肚腹才成为猎人的首选？这很有可能。

实际上为了使食谱多样化，我还专门喂它们一些香甜的水果，比如梨片、葡萄、甜瓜片等。这些水果它们全都很爱吃。绿蝈蝈就像英国人，非常喜欢浇上果酱的牛排。也许这就是它们一抓住蝉就将之开膛破肚的缘故所在：肚子里装着裹着果酱的鲜美肉食。

并非在任何地方都可以吃到这种甜蝉美味。在北方地区，绿蝈蝈遍地皆是，它们不可能总是找到它们在我们这儿所热衷的这种美食。它们大概还有别的吃食。

为了弄清楚这个问题，我给它们喂细毛鳃角金龟。这是一种夏季鳃角金龟，与春季鳃角金龟相同。一将这种鞘翅昆虫扔进笼里，绿蝈蝈们便毫不迟疑地扑上去，吃得只剩下鞘翅、脑袋和爪子。我又投进去漂亮而肉肥的松树鳃角金龟，结果也一样。第二天，我发现松树鳃角金龟被那帮凶神恶煞的绿蝈蝈开膛破肚了。

这些例子已足以说明问题。这证明蝈蝈是个嗜食昆虫者，尤其爱吃那些没有过硬甲胄保护的昆虫；这还证明它们特别喜欢肉食，但又像螳螂那样只吃自己捕获的猎物。蝉的刽子手还知道肉食热量太高，须用素食加以调剂。吃完肉喝完血之后，还要来点儿水果什么的。有时候，实在没有水果，来点儿草吃吃也可以。

然而，同类相残仍然存在。其实我还从未看到我笼中的飞蝗有像螳螂那样的野蛮行径，后者经常拿自己的情敌开刀，吞食自己的情侣。不过，假若笼中的某只体弱的飞蝗倒下，幸存者们会像对待一般猎物那样毫不迟疑地扑上去。它们并不是因为食物匮乏才以死去的同伴充饥。不管怎么说，凡是身有佩刀的昆虫都有不同程度的以伤残同伴为食的癖好。

除了这一点，我笼子里的飞蝗们倒是和平共处。它们彼此之间从未发生过狠打狠斗，顶多也就是因食物稍许争抢一番而已。我刚扔进笼子里一片梨，一只飞蝗便立即霸占了。因为怕别人来争抢，它就踢腿蹬脚，不让别人过来抢它的美食。自私自利无处不在。它吃饱了，就把位子让给别人，后来者随即也霸道地占着梨片。笼中的食客就这么一个个地飞上去霸占一番。吃饱喝足之后，大家便用大颚尖儿挠挠脚掌，用爪子蘸点儿唾沫擦擦额头和眼睛，然后便用爪子抓住网纱或躺在沙地上，做沉思状，悠然自得地消食。白天的大部分时间它们都睡大觉，天气炎热时更是如此。

到了日落西山、夜幕降临时，这帮家伙劲头儿便上来了。晚上九点，它们闹腾得最欢，忽而猛地冲上圆顶高处，忽而又兴冲冲地下来，一会儿再冲上去。大家吵嚷着来来去去，在环形道上跑跑跳跳，遇上好吃的便咬上两口，一刻也不消停。

雄绿蝈蝈待在一旁，用触须挑逗路过的雌性。未来的母亲们庄重严肃地踱着步，佩刀半抬着。对于那些猴急的狂热雄性来说，现在的大事就是交配。有经验者一看就知道它们想干什么。

这也是我所观察到的主要内容。我的愿望得以满足，但并没有完全满足，因为下面的好事拖得太晚，我没能看到最后那一幕。那最后的一幕要拖到深夜或者凌晨。

我所看到的那一点点只局限于没完没了的序幕那一段。热恋的情侣面对面，几乎头碰头地用各自的柔软触角彼此触摸，互相试探。它们仿佛两个用花剑击来击去以示友好的对手。雄性不时地鸣叫几声，用琴弓拉上几下，然后便寂然无声，也许是因为过于激动而没继续拉下去。十一点了，求爱仍未结束。我实在是困得不行，就颇为遗憾地撇下了这对情侣。

第二天早晨，雌绿蝈蝈的产卵管根部下方吊挂着一个奇特的玩意儿，那是装着精子的口袋，宛如一只乳白色的小灯泡，大小如天平砝码，隐约分成数量不多的长圆形囊泡。当雌绿蝈蝈走动时，那个小灯泡擦着地，沾上了一些沙粒。然后，它拿这个受孕的小灯泡当作盛宴，慢慢地将其中的东西吸尽，再咬住干薄皮囊，久久地反复咀嚼，最后全部吞咽下去。不到半天工夫，那乳白色的赘物便消失了，连渣儿都被它美滋滋地吃光了。

这种难以想象的盛宴似乎是从外星球传入的，因为它与地球上的宴席习惯大相径庭。蝗科昆虫真是个奇特的种类，它们是陆地动物中最古老的一种，而且如蜈蚣和头足纲[①]动物一样，是古代习性沿用至今的一个代表。

---

① 头足纲：软体动物门的一个纲，因头部发达、足着生于头部而称头足类。头足纲动物全部海生，主要包括各类乌贼和章鱼。

田野地头的蟋蟀

谁想观看蟋蟀产卵，都用不着做什么准备工作，只要有点儿耐心就行。布丰[①]说，耐心是一种天赋，我却谦虚地称之为观察者的优秀品质。四月份，最迟五月份，我给它们配对，单独放在花盆里，放一层土，压实。食物只是一片莴苣叶，但要常常换上新鲜的。花盆上盖有一块玻璃，以防它们跳出来跑掉。

这种装置简单有效，必要时还可以加一个金属网罩，那就更加高级了，这样我们就可以获得一些极其有趣的资料。我们以后再谈这些。眼下，我们要盯着看它产卵，必须时刻警惕着，不让有利时机溜掉。

六月的第一个星期，我持之以恒的观察有了初步满意的结果。我突然发现雌蟋蟀一动不动，输卵管垂直地插入土层里。它并不在意我这个冒失的观察者，久久地待在同一个地点。最后，它拔出输卵管，漫不经心地把那个小孔洞的痕迹给抹掉，歇息片刻，溜达了一会儿，随即在花盆内它的地盘里继续产卵。它像白额螽斯一样重复干着，但动作要慢得多。二十四小时之后，产卵似乎结束了。为了保险起见，我又继续观察了两天。

于是，我翻动花盆的土。卵呈淡黄色，两端圆圆的，长约三毫米。卵相互紧靠着，一粒一粒地垂直排列在土里，每次所产的卵的数目不等，有

---

① 布丰（1707—1788）：法国博物学家、作家、进化思想的先驱者，著有《自然史》36卷。

多有少。我在整个花盆两厘米深的土里都能发现卵。我用放大镜勉为其难地尽量数清土里的卵，我估计一只雌蟋蟀一次产卵五六百粒。这么多的卵肯定不久就会被大量淘汰。

蟋蟀卵真像个绝妙的小机械。孵出后，卵壳似一只不透明的白筒子，顶端有一个十分规则的圆孔，圆孔边缘是一个圆帽，作为孔盖用。圆帽并非由新生儿随意顶开或钻破的，而是中间有一条特别的线，闭合不紧，可自动启开。看卵孵出是挺有趣的。

卵产下之后大约半个月，前端即出现两个又大又圆的黑黄点儿，那是蟋蟀的眼睛。在这两个圆点儿稍高处，在圆筒子的顶端，出现一块细小的环状肉。卵壳将从这儿裂开。很快，半透明的卵就能让我们看到婴儿孵化中的样貌。这时候必须倍加小心，增加观察次数，尤其是早晨。

幸运垂青耐心的人，我的孜孜不倦终于有了报偿。稍稍隆起的肉在不停地变化着，出现了一拱就破的一条细线。卵的顶端被其中的婴儿的额头顶着，顺着那条细肉线抻着，像小香水瓶一样微微打开，分落两旁。蟋蟀便像小魔鬼似的从这个魔盒中钻了出来。

小魔鬼出来之后，壳还鼓胀着，光滑而完整，呈纯白色，圆帽挂在孔口。鸟蛋是由雏鸟喙上专门长着的一个硬肉瘤撞破的，蟋蟀的卵则是一个高级小机械，犹如一只象牙盒子自动打开。小蟋蟀额头一顶，铰链就拉动，壳就张开了。

浑身发灰，几近白色的小蟋蟀一脱掉身上的那件精细外套，立刻便与上面压着它的土搏斗起来。它用大颚拱土；它蹬踢着，把松软的碍事的土扒拉到身后去。它终于钻出土层，沐浴着灿烂的阳光。它如此瘦小，不比一只跳蚤大，自此要在弱肉强食的世界上经历风险了。二十四小时之后，它的体色发生了变化，成了一只漂亮的小黑蟋蟀。其乌黑的体色可与成年蟋蟀媲美。原先的灰白色只剩下一条白带围在胸前，宛如牵婴孩学步的背带。

蟋蟀十分敏捷，用它那颤动的长触角探查周围空间。它奔跑，蹦跳，开心得很。等以后体态发胖了，它就没这么欢蹦乱跳了。它年幼胃嫩，该给它吃些什么呢？我全然不知。我像喂成年蟋蟀一样，拿嫩莴苣叶喂它。

它不屑吃，或者也许是吃了点儿而我没看出来，因为它咬的痕迹不明显。

不几天工夫，我的十对蟋蟀的大家庭变成了我的一大负担——一下子就是五六千只小蟋蟀。当然是一群漂亮的小家伙，可我不知道它们都需要怎样的照料，这叫我如何是好。

啊，我可爱的小家伙们，我将给予你们充分的自由，我将把你们托付给大自然这个至高无上的教育者。

我就这么办了。我找到花园里最好的一些地方，把它们这儿那儿地放生一些。如果它们一个个都活得很好，明年我的门前会有多么美妙动听的音乐会呀！但是，这种美景并未出现，可能不会有什么美妙动听的音乐会了，因为雌蟋蟀虽然大量产崽，但随之而来的是凶残的杀戮。幸存下来的很可能只有几对蟋蟀。

首先奔来抢掠这天赐美味、大开杀戒的是小灰壁虎和蚂蚁。尤其是蚂蚁这种可恶的强徒，它们恐怕不会在我的花园里给我留下一只蟋蟀。它们抓住可怜的小家伙们，咬破它们的肚皮，疯狂地大嚼一通。

啊！该死的恶虫！可我们一直把它们视为第一流的昆虫呢！书本上赞扬它们，对它们还赞不绝口；博物学家们把它们捧上了天，每天都在为它们锦上添花；动物界同人类一样，让自己威声远扬的办法有千万种，但最可靠的办法则是损人利己，这是千真万确的道理。

谁都不了解弥足珍贵的清洁工食粪虫和埋葬虫，吸血的蚊虫、长毒刺的凶狠好斗的黄蜂以及专干坏事的蚂蚁却无人不知，无人不晓。在南方的村子里，蚂蚁毁坏房屋椽子的热情就跟它们掏空一棵无花果树时一样。我无须赘述，每个人都能从人类的档案馆中找到类似的例证：好人无人知晓，恶人声名远扬。

由于蚂蚁以及别的一些杀戮者的屠杀，我花园中开始时数量多多的蟋蟀日渐稀少，使我的研究难以为继。我只好跑到花园以外的地方去观察了。

八月里，在尚未被三伏天的烈日烤干的草地上的一小块绿洲的落叶中，我发现了已经长大的小蟋蟀。它与成年蟋蟀一样全身墨黑，初生时的白带子已经全褪去了。它居无定所，一片枯叶、一片砖瓦足可以遮风避雨，犹如不考虑何处歇足的流浪民族。

直到十月末，初寒来临，它才开始筑巢做窝。据我对囚于钟形罩中的蟋蟀的观察，这个活计非常简单。蟋蟀从不在其中的一个裸露地点筑巢，而总是在吃剩的莴苣叶遮盖着的地方做窝。莴苣叶代替草丛，作为隐藏时不可或缺的遮掩。

蟋蟀工兵用前爪挖掘，利用其颚钳挖掉大沙砾。我看见它用有两排锯齿的有力的后腿蹬踢，把挖出的土踢到身后，呈一斜面。这就是它筑巢做窝的全部工艺。

一开始活儿干得挺快。在我的囚室的松软土层里，两个小时的工夫，挖掘者便消失在地下了。它还不时地边后退边扫土。如果干累了，它便在尚未完工的屋门口停下来，头伸在外面，触角微微地颤动着。休息片刻之后，它又返回去，边挖边扫地继续干起来。不一会儿，它又干干歇歇，歇息的时间也越来越长，我观察的热情也随之减少了。

最紧迫的活计完成了。洞深两寸，目前已够用了，余下的活计费时费力，得抽空去做，大可每天干一点儿。天气日渐转凉，蟋蟀的身体渐渐长大，巢穴得逐渐加深加宽。即使到了大冬天，只要天气暖和，洞口有太阳，也常常能看见蟋蟀在往外弄土，这说明它在修整扩建巢穴。到春光明媚时，巢穴仍在继续进行维修，不停地进行修复，直至屋主去世为止。

四月过完，蟋蟀开始歌唱，先是一只两只羞答答地独鸣，不久便响起交响乐，每块泥土里都有一只蟋蟀在歌唱。我很喜欢把蟋蟀列为万象更新时的歌唱家之首。在我家乡的灌木丛中，在百里香和薰衣草盛开时，蟋蟀不乏其应和者：百灵鸟飞向蓝天，展放歌喉，从云端把其美妙的歌声传到人间。地上的蟋蟀虽歌声单调，缺乏艺术修养，但其纯朴的声音与万象更新时的质朴欢快又是多么和谐呀！那是万物复苏的赞歌，是萌芽的种子和嫩绿的小草能听懂的歌。在这二重唱中，优胜奖将授予谁？我将把它授予蟋蟀。它以歌手之多和歌声不断占了上风。当田野里青蓝色的薰衣草如同散发青烟的香炉迎风摇曳时，百灵鸟就不再歌唱了，人们只能听见蟋蟀仍在继续低声地唱着，仍在庄重地歌颂着。

现在，解剖家跑来了，它粗暴地对蟋蟀说："把你那唱歌的玩意儿给我们瞧瞧。"它的乐器极其简单，如真正有价值的一切东西一样。它与螽斯的乐器原理相同：带齿条的琴弓和振动膜。

蟋蟀的右鞘翅除了裹住侧面的皱襞以外，几乎全部覆盖在左鞘翅上，这与我们所见到的绿蚱蜢、螽斯、距螽以及它们的近亲完全相反。蟋蟀是右撇子，而其他的则是左撇子。

两者鞘翅结构完全一样，知道一个也就了解了另一个。我们来看看右鞘翅吧。它几乎平贴在背上，但在侧面突呈直角斜下，以翼端紧裹着身体，翼上有一些斜向平行细脉。背脊上有一些粗壮的翅脉，呈深黑色，整体构成一幅复杂而奇特的图画，形同阿拉伯文的书。

鞘翅透明，呈淡淡的棕红色，只是两个连接处不是如此，一个连接处大些，呈三角形，位于前部；另一个小些，呈椭圆形，位于后部。这两个连接处都由一条粗翅脉围着，并有一些细小的皱纹。第一处还有四五条加固的"人"字形条纹；后一处只是一条弓形的曲线。这两处就是这类昆虫的镜膜①，构成其发声部位。其皮膜的确比别处的细薄，是透明的，略呈黑色。

那确实是精巧的乐器，比螽斯的要高级得多。弓上的一百五十个三棱柱齿与左鞘翅的梯级互相啮合，使四张扬琴同时振动，下方的两张扬琴靠直接摩擦发音，上方的两张则由摩擦工具振动发声。所以，它发出的声音是多么雄浑有力啊！螽斯只有一个不起眼的镜膜，声音只能传到几步远的地方，而蟋蟀有四个振动器，歌声可以传到数百米以外。

蟋蟀声音的亮度可与蝉匹敌，而且不像蝉的叫声那么沙哑、令人讨厌。更妙的是，蟋蟀的叫声抑扬顿挫。我们说过，蟋蟀的左右鞘翅各自在体侧伸出，形成一个阔边，这就是制振器；阔边多少往下一点儿，即可改变声音的强弱，使之根据与腹部软体部分接触的面积大小，时而轻声低吟，时而歌声嘹亮。

---

① 镜膜：昆虫发声器官的构成部位。昆虫发声器有大小两室，镜膜位于大室内。

只要不爆发交尾期间本能的争斗，蟋蟀们便会和平相处。在求欢者之间，打斗是家常便饭，而且互不相让，结局倒并不严重。两个情敌相互头顶着头，互相咬脑袋，但它们的脑壳是一顶坚硬的头盔，能够顶住对方铁钳的夹掐，只见它俩你顶我拱，扭在一起，然后复又挺立，随即各自离去。战败者逃之夭夭；得胜者放开歌喉羞辱对方，然后转而柔声低吟，围着情人轻唱求欢。

求欢者很会搔首弄姿。它手指一勾，把一根触角拽回到大颚下面，把它蜷曲起来，把唾液用作美发霜在触角上面涂抹。它那尖钩状、镶着红饰带的长长的后腿，焦急地跺着，向空中蹬踢着。它因激动而唱不出声来。它的鞘翅在急速地颤动着，但却不再发出声响，或者只是发出一阵零乱的摩擦声。

求爱无果。雌蟋蟀跑到一片生菜叶下躲藏起来。但是，它还是微微撩起门帘偷看，而且想被那只雄蟋蟀看见。

它向柳树丛中逃去，

却在偷窥着求欢者。

两千年前的一首牧歌就是这么温情地唱颂的。情人间的打情骂俏到处都是一样的！

蝉出地洞

将近夏至时分，第一批蝉出现了。在人来人往、被太阳暴晒、被踩踏瓷实的一条条小路上，张开着一些能伸进大拇指、与地面持平的圆孔洞。这就是蝉的幼虫从地下深处爬上地面变成蝉的出洞口。除了耕耘过的田地以外，路面上几乎到处可见这样的洞。这些洞通常都在最热最干的地方，特别是在道旁路边。出洞的幼虫有锐利的工具，必要时可以穿透泥沙和干黏土，所以它们喜欢最硬的地方。

我家花园的一条甬道被一堵朝南的墙反射阳光，照得如同到了塞内加尔一样。那儿有许多蝉出洞时留下的圆洞口。六月的最后几天，我检查了这些刚被遗弃的井坑。地面土很硬，我得用镐来刨。

洞口是圆的，直径约两厘米半。在这些洞口的周围，没有一点儿浮土，没有一点儿推出洞外的土形成的小丘。事情十分清楚：蝉的洞不像粪金龟这帮挖掘工的洞，上面堆着一个小土堆。这种差异是由二者的工作程序所决定的。食粪虫是从地面往地下掘进；它先挖洞口，然后往下挖去，随即把浮土推到地面上来，堆成小丘。而蝉的幼虫则相反，它从地下挖到地上，最后才钻开洞口，而洞口是最后一道工序，在此之前无法通过它把泥土堆放在外面。食粪虫是挖土进洞，所以在洞口留下了一个鼹鼠丘似的小丘；而蝉的幼虫是从洞中出来，无法在洞口边堆积任何东西。

蝉的洞约深四分米。洞是圆柱形，因地势的关系而有点弯曲，但始终靠近垂直线，这样路程是最短的。洞中完全畅通无阻。想在洞中找到挖掘时留下的浮土，那是徒劳，哪儿都见不着浮土。洞底是个死胡同，是一间稍微宽敞些的小屋，四壁光洁，没有任何与延伸的其他通道相连的迹象。

根据洞的长度和直径来看，挖出的土有将近两百立方厘米。挖出的土都跑哪儿去了呢？在干燥易碎的土中挖洞，如果只是钻孔而未做任何其他加工的话，洞坑和洞底小屋的四壁应该是粉末状的，容易塌方。可我却惊奇地发现洞壁表面被粉刷过，涂了一层泥浆。洞壁实际上并不是十分光洁——差得远了，但是，粗糙的表面被一层涂料盖住了。洞壁那易碎的土料浸上黏合剂，便被黏住不脱落了。

蝉的幼虫可以在地洞中来来回回，爬到靠近地面的地方，再下到洞底小屋，而带钩的爪子却未刮擦下土来，否则会堵塞通道，很难上下。矿工用支柱和横梁支撑坑道四壁；地铁的建设者用钢筋水泥加固隧道；蝉的幼虫这个毫不逊色的工程师用泥浆涂抹四壁，让地洞可以长期使用而不堵塞。

如果我惊动了从洞中出来爬到近旁的一根树枝上打算蜕变成蝉的幼虫的话，它会立即谨慎地爬下树枝，毫无阻碍地爬回洞底小屋里去，这就说明即使此洞就要永远被丢弃了，也不会被浮土堵塞。

这个上行管道不是因为幼虫急于重见天日而匆忙赶制而成的；这是一座货真价实的地下小城堡，是幼虫要长期居住的宅子。墙壁进行了加工粉刷就说明了这一点。如果只是钻好之后不久就要丢弃的简单出口，就用不着这么费事了。毫无疑问，这也是一种气象观测站，在洞内可以探知外面天气如何。幼虫成熟之后要出洞，但在深深的地下它无法判断外面的气候条件是否适宜。地下的气候变化太慢，不能向幼虫提供精确的气象资料，而这又正是幼虫一生中最重要的时刻——来到阳光下蜕变——所必须了解的。

幼虫能几个星期地，甚至几个月地耐心挖土、清道、加固垂直洞壁，但却不把地表挖穿，而是与外界隔着一层一指厚的土层。在洞底它比在别处更加精心地修建了一间小屋。那是它的隐蔽所、等候室，如果气象报告说要延期搬迁的话，它就在里面歇息。只要稍微预感到风和日丽，它就爬到高处，透过那层薄土盖子探测，看看外面的温度和湿度如何。

如果气候条件不如意，比如刮大风下大雨，这对幼虫蜕变是极其严重的威胁，那谨小慎微的小家伙就会回到洞底屋中继续静候。相反，如果气候条件适宜，幼虫便用爪子捅几下土层盖板，然后钻出洞来。

似乎一切都在证明，蝉洞是个等候室，是个气象观测站。幼虫长期待在里面，有时爬到靠近地表处去探测一下外面的天气情况，有时便潜于地洞深处更好地隐蔽起来。这就是蝉在地洞深处建有一个合适的歇息所，并将洞壁涂上涂料以防其塌落的原因所在。

但是，不好解释的是，挖出的浮土都跑到哪儿去了？一个洞平均得有两百立方厘米的浮土，怎么全都不见了踪影？洞外不见有这么多浮土，洞内也见不着。再说，这如炉灰一般的干燥泥土，是怎么被弄成泥浆涂在洞壁上的呢？

蛀蚀木头的那些虫子的幼虫，比如天牛和吉丁的幼虫，好像应该可以回答第一个问题。这种幼虫在树干中往里钻，一边挖洞，一边把挖出来的东西吃掉。这些东西被幼虫的颚挖出来，一点儿一点儿地吃下，消化掉。这些东西从挖掘者身体的一端穿过，到达另一端，滤出那一点点的营养成分后，被排泄出体外，堆积在幼虫身后，彻底堵塞了通道，幼虫也就不得再从这儿通过了。这种由胃或颚进行的最终分解，把消化过的物质压缩成比没有伤及的木质更加密实的东西，致使幼虫前边出现一个空地，一个小洞穴，幼虫可以在里面干活儿。这个小洞穴很短小，仅够里面的这个囚徒行动。

蝉的幼虫是不是也是用类似的方法钻掘地洞的呢？当然，挖出来的浮土是不会通过幼虫体内的。而且，泥土，哪怕是最松软的腐殖土，也绝不会成为蝉的幼虫的食物。但是，不管怎么说，被挖出来的浮土不是随着工程的推进被逐渐地抛在幼虫身后了吗？

蝉在地下至少要待两三年。这么漫长的地下生活当然不会是在我们刚才描绘的准备出洞时的小屋中度过的。幼虫是从别处到那儿的，想必是从比较远的地方来的。它是个流浪儿，把自己的吸管从一个树根插到另一个树根。当它或因为冬天逃离太冷的上层土壤，或因为要定居于一个更好的处所而迁居时，它便为自己开出一条道来，同时把用颚这把镐尖儿挖出的土抛在身后。这一点是无可争辩的。

如同天牛和吉丁的幼虫一样，这个流浪儿在移动时只要很小的空间就足够了。一些潮湿、松软、容易压缩的土对它来说就相当于是天牛和吉丁幼虫消化过后的木质糊糊。这种泥土很容易压缩，很容易堆积起来，留出空间。

困难来自另一个方面。蝉的洞是在干燥的土中挖掘而成的，只要土始终保持干燥，那就很难压紧压实。如果幼虫开始挖通道时就把一部分浮土扔到身后的一条先前挖好、现已消失的地道中去，也是比较有可能的，尽管还没有任何迹象可以证明这一点。不过，如果考虑到洞的容量以及极难找到地方堆积这么多的浮土，你就又会怀疑起来：“这么多浮土，必须有一个很大的空间才能存放得下，而这个空间的挖成也同样会出现许多浮土，要存放起来同样困难重重。这样就又得需要一个空间，同样也就又会有许多浮土，如此循环不已。”就这么转来转去，没有个头儿。因此，光是把压紧压实的浮土抛到身后这一难题都尚无法解释。为了清除掉碍事的浮土，蝉应该是有一种特殊的法子的。我们来试试解开这个谜。

我们仔细观察一只正在往洞外爬的幼虫，它或多或少总要带上点儿或干或湿的泥土。它的挖掘工具——前爪尖上沾了不少的泥土颗粒，其他部位像是戴上了泥手套，背部也满是泥土。它就像是一个刚疏通完阴沟的清洁工。这么多污泥让人惊讶不已，因为它是从很干燥的土壤里爬出来的——本以为会看见它满身粉尘，但却发现它一身泥污。

再顺着这个思路往前观察一下，蝉洞的秘密就解开了。我把一只正在挖掘洞穴的幼虫挖了出来。我运气真好，幼虫刚开始挖掘，我便有了惊人的发现。一个大拇指一样长的地洞，没有任何的阻塞物，洞底是一间休息室，眼下全部工程就是这个状况。那个辛勤的工人现在是个什么样呢？就是下面的这种状况。

这只幼虫的颜色比我在它们出洞时捉到的那些幼虫显得苍白得多。它的眼睛非常大、特别白，浑浊不清，看不清东西。在地下视力有什么用？而出了洞的幼虫的眼睛则是黑黑的，闪闪发亮，说明能看得见东西。未来的蝉出现在阳光下，就必须能视物，有时还得到离洞口挺远的地方去寻找将在其上蜕变的树枝。这时候视力就非常重要了。这种在准备蜕变期间的视力的成熟足以告诉我们，幼虫并非是仓促地即兴挖掘自己的上行通道的，而是干了很长的时间。

另外，苍白而眼盲的幼虫比成虫体形要大。它身体内充满了液体，就像是患了水肿。用指头捏住它，它的尾部便会渗出清亮的液体，弄得全身湿漉漉的。这种由肠内排出来的液体是不是尿液？或者只是吸收液汁的胃消化后的残汁？我无法确定，为了说起来方便，就称它为尿吧。

喏，这个尿液就是谜底。幼虫在向前挖掘时，也随时把粉状泥土浇湿，使之成为糊状，并立即用身子把糊状泥压贴在洞壁上。这具有弹性的湿土便被糊在了原先干燥的土上，形成泥浆，渗进粗糙的泥土缝隙中去。拌得最稀的泥浆渗透到最里层，剩下的则被幼虫再次挤压、堆积，涂在空余的间隙中。这样一来，坑道便畅通无阻，一点儿浮土都不见了，因为已被就地和成了泥浆，比原先的没被钻透的泥土更瓷实、更匀称。

幼虫就是在这黏糊糊的泥浆中干活儿的，所以当它从极其干燥的地下出来时便浑身泥污，让人觉得十分蹊跷。成虫虽然完全摆脱了矿工的又脏又累的活儿，但并未完全丢弃自己的尿袋；它把剩余的尿液保存起来当作自卫的武器。如果谁近距离地观察它，它就会向这个不知趣的人射出一泡尿，然后马上飞走。蝉尽管性喜干燥，但在它的两种形态中，它都是一个了不起的浇灌者。

不过，尽管幼虫身上积满了液体，但它还是没有那么多的液体来把整个地洞挖出的浮土弄湿，并把这些浮土变成易于压实的泥浆。蓄水池干涸了，就得重新蓄水。从哪儿蓄水，又如何蓄水？我觉得隐约地看到问题的答案了。

我极其小心地、整个儿地挖开了几个地洞，发现洞底小屋壁上嵌着一根生命力很强的树根须子，有的如铅笔般粗细，有的如麦秸管一般粗细。

露出来可以看见的树根须子短小，只有几毫米。根须的其余部分全都植于周围的土里。这种液汁泉是偶然遇上的，还是幼虫特意寻找的？我倾向于后一种答案，因为至少当我小心挖掘蝉洞时，总能见到这种根须。

是这样的：要挖洞筑室的蝉，在开始下手之前，总要在一个新鲜的小树根的近旁寻觅一番。它把一点儿根须刨出来，嵌于洞壁上，但又不让根须突出壁外。这墙壁上有生命的地方，我想就是液汁泉，幼虫尿袋在需要时就可以从那儿得到补充。如果由于用干土和泥而把尿袋用光了，幼虫矿工便下到自己的小屋里去，把吸管插进根须，从那取之不尽的水桶里吸水。尿袋被灌满之后，它便重新爬上去，继续干活儿，把硬土弄湿，用爪子拍打，再把身边的泥浆拍实、压紧、抹平，畅通无阻的通道便做成了。情况大概就是这样的。虽然没法直接观察到，而且也不可能跑到地洞里去观察，但是逻辑推理和种种情况都证实了这一结论。

如果没有根须那个大水桶，而幼虫体内的蓄水池又干涸了，那会怎么样呢？下面这个实验会告诉我们的。我把一只正从地下爬出来的幼虫捉住了，把它放进一个试管的底部，用松松地堆积起来的一试管干土把它埋起来。这个土柱高十五厘米。这只幼虫刚刚离开的那个地洞比试管长出三倍，虽说是同样的土质，但洞里的土要比试管里的土密实得多。幼虫现在被埋在那个短小的粉状土柱里，它能重新爬到外面来吗？如果它努力挖的话，肯定是能爬出来的。对于一只刚从硬土地中挖洞出来的幼虫来说，一个不坚固的障碍能造成困扰吗？

然而我却有所怀疑。最后为了顶开把它与外界隔开的那道屏障，幼虫已经把最后储备的液体消耗光了。它的尿袋干了，没有活的根须它就毫无办法再把尿袋灌满。我怀疑它无法成功是不无道理的。果不其然，三天后，我看到被埋着的幼虫耗尽了体力，终未能爬上一拇指高的地面。浮土被扒动过，因无黏合剂而无法当场黏合，所以刚一拨弄开，便又塌了下来，回到幼虫爪下。老这么挖、扒，总也不见大的成效，总是在做无用功。第四天，幼虫便死了。

如果幼虫的尿袋是满的，结果就大不相同。我用一只刚开始准备蜕变的幼虫进行了同样的实验。它的尿袋鼓鼓的，在往外渗，身子全湿了。对于它来说，这活儿是小菜一碟。松松的土几乎毫无阻力。幼虫稍稍用尿袋的液体润湿，便把土和成了泥浆，黏合起来，再把它们抹开、抹平。地道通了，但形状不很规则，这倒不假，随着幼虫不断往上爬，它身后几乎堵上了。看起来好像是幼虫知道自己无法补充水，因而为了尽快地摆脱一个它很陌生的环境而节约自己身上的那仅有的一点儿液体，不到万不得已绝不动用。就这么精打细算地，十来天之后，它终于爬到了地面上来。

出洞口被捅开之后，大张着嘴待在那儿，宛如被粗钻头钻出的一个孔。幼虫爬出洞后，在附近徘徊一阵，寻找一个空中支点，诸如细荆条、百里香丛、禾蒿秆儿、灌木枝杈等。一旦找到，它便爬上去，用前爪牢牢地抓住，脑袋昂着。如果树枝上有地方的话，其余的爪子也撑在上面；如果树枝很小，没多少地方，两只前爪钩住就足够了。然后幼虫休息片刻，让悬着的爪臂变硬，成为牢不可破的支撑点。这时候，躯干从背部裂开来。蝉从壳中蜕变而出，前后将近半个小时的工夫。蝉从壳中蜕变出来后，与先前的模样儿大相径庭！双翼湿润、沉重、透明，上面有一条条浅绿色脉络；胸部略呈褐色，身体的其余部分呈浅绿色，有一处处的白斑。这脆弱的小生命需要长时间地沐浴在空气和阳光之中，以强壮身体，改变体色。将近两个小时过去了，却未见它有明显的变化。它只是用前爪钩住旧皮囊，稍有点微风吹来，它就飘荡起来，始终是那么脆弱，始终是那么绿。最后，体色终于变深了，越来越黑，终于完成了体色改变的过程。这一过程用了半个小时。上午九点蝉悬在树枝上，到十二点半的时候，我看着它飞走了。

旧壳除了背部的那条裂缝外，并无破损，并且牢牢地挂在那根树枝上，晚秋的风雨也没能把它吹落或打下。常常可以看到有的蝉壳一挂就是好几个月，甚至整个冬天都挂在那儿，姿态仍旧与幼虫蜕变时一模一样。旧壳质地坚固，硬如干羊皮，如同蝉的替身似的久久地待在那儿。

啊！如果我把我的那些农民乡邻所说的全都信以为真的话，有关蝉的故事我可有不少呢！我只讲一个他们曾讲给我听的故事吧，只讲一个。

你受肾衰之苦吗？你因水肿而走路晃晃悠悠吗？你需要治它的特效药

吗？农村的偏方在对待这种病上有特效，那就是用蝉来治。把成虫状态的蝉在夏天里收集起来，穿成一串，在太阳地里晒干，然后藏在衣橱角落里。如果一个家庭主妇七月里忘了把蝉穿起来晒干收藏，那她会觉得自己太粗心大意了。

你是否觉得肾脏突然有点炎症，尿尿有点不畅？赶快用蝉熬汤药吧。据说没什么比这更有效的了。以前，我不知哪儿有点儿不舒服，一个热心肠的人就让我喝过这种汤药，我起先不知道，是事后别人告诉我的。我很感谢这位热心的人，但我对这种偏方深表怀疑。令我惊诧不已的是，阿那扎巴[①]的老医生迪奥斯科里德也建议用此偏方，他说："蝉，干嚼吃下，能治膀胱痛。"从佛塞[②]来的希腊人把蝉和橄榄树、无花果树、葡萄等展示给了普罗旺斯的农民。自那遥远年代起，普罗旺斯的农民便把这宝贵的药材奉若至宝。只有一点有所变化：迪奥斯科里德建议把蝉烤着吃；现在，大家把蝉用来煨汤，作为煎剂。

说此偏方可以利尿，纯属幼稚天真。我们这儿人人皆知，谁要想抓蝉，它就立即向谁脸上撒尿，然后飞走。因此，它告诉了我们其排尿的功能，以致迪奥斯科里德及其同时代的人以此为据，而我们普罗旺斯的农民至今仍这么认为。

啊，善良的人们！如果你们获知蝉的幼虫能用尿液和泥来建自己的气象站，那你们又会怎么想呢？！拉伯雷描写道，卡冈都亚[③]坐在巴黎圣母院的钟楼上，从自己巨大的膀胱里往外排尿，把巴黎成百上千闲散的人淹死，这还不包括妇女和儿童，否则人数会更多。你们知道这个故事后，也会信以为真吗？

① 阿那扎巴：小亚细亚的一座古城，古希腊植物学家、医生迪奥斯科里德的故乡。

② 佛塞：小亚细亚的一座古城，公元前7世纪时的商业重镇。

③ 卡冈都亚：法国16世纪著名作家拉伯雷的《巨人传》中的主人公。

昆虫的装死行为

我研究昆虫装死的情况时，第一个被我选中的是那个凶狠的剖腹杀手——大头黑步甲。让这种大头黑步甲动弹不了非常容易：我用手捏住它一会儿，再把它在手指间翻动几次就可以了。还有更加有效的办法：我捏住它，然后把手一松，让它跌落在桌子上，从不太高的高度让它摔这么几次，让它感到碰撞的震动。如果必要的话，就让它多摔几次，然后，让它背朝下，仰躺在桌子上。

大头黑步甲经这么一折腾，便一动不动，如死一般。它的爪子蜷缩在肚腹上，两条触须软塌塌地交叉在一起，两个钳子都张开着。在它的旁边放上一只表，这样，实验的起始与结束时间就可以准确地记录下来。这之后，只有等待，而且还得静下心来，耐心地等待，因为它静止不动的时间是非常长的，让人等得心烦，没有耐心是成功不了的。

大头黑步甲的静止状态保持得很久，有时竟然长达五十分钟，一般情况之下，也得有二十分钟左右。如果不让它受到外界的影响，比如，这种实验正好是在盛夏酷暑时进行，我就把它用玻璃罩罩住，避开了大热天里的常客——苍蝇的骚扰，那么，它的静卧状态就是真正的完全的静止状态：无论是跗骨也好，触须也好，还是触角也好，全都毫不颤动，看上去它就像是僵死在桌子上了似的。

最后，这只看似死了的大头黑步甲“复活”了。前爪跗节开始微微颤动，随即，所有的跗骨全都颤动起来，触须、触角也跟着慢慢地摇来摆去。这就证明它确实“复活”了。腿脚随后也跟着乱划乱踢起来。它的身体在腰带紧束住的地方稍稍弓起；接着重心落在头和背上；然后，它猛一用力，身子便翻转过来了。此刻，它便迈开小碎步，跑动起来，仿佛知道此处危险重重，必须逃离。假如我又把它抓住，它又会立刻装起死来。

我趁此机会又做了一次实验。刚刚复苏的大头黑步甲又一次静止不动了，依旧是背朝下地仰躺着。这一次，它装死的时间要比第一次来得长。当它再次苏醒时，我又进行了第三次同样的实验。随后，我又对它进行了第四次、第五次实验，一点儿喘息的机会都不留给它。它静卧的时间也在逐渐延长。根据我所记录下来的静卧时间，分别为十七分钟、二十分钟、二十五分钟、三十三分钟、五十分钟。

我做了许多次类似的实验，虽然结果不完全相同，但基本上有着一个共同点：昆虫连续假死时，每一次的持续时间都不相同，长短不一。这个结果使我们得知，通常情况之下，如果实验连续多次进行的话，大头黑步甲会让自己假死的时间一次比一次长。这是不是说明它一次比一次更适应这种假死状态呢？这是不是说明它变得越来越狡猾，企图让敌人最后丧失耐心？对此我一时尚无法作出定论，因为我对它的探究还很不够。要想探出它是否真的在耍手腕，真的在作假蒙人、蒙混过关，就必须采取一种非常聪明的试探方法。

接受实验的大头黑步甲躺在桌子上。它能感觉得出自己身子下面压着的是一块坚硬的物体，想要向下挖掘，根本就不可能。挖掘一个地下隐蔽室，对于大头黑步甲来说简直是小菜一碟，因为它有快捷强劲的挖掘工具。然而，现在它身下却是一块硬东西，毫无挖掘的可能，所以它无可奈何，只能忍气吞声地静静地躺在那儿，一动不动。必要的话，它甚至可以坚持一小时。如果躺在沙土地上，它立即就能感觉得到下面是松松散散的沙粒。在那种情况之下，它还会傻乎乎地静静地躺着，不想办法尽快逃之夭夭？难道它连扭动腰身都不想？没有一点儿往沙土地里钻的想法？

我真的希望大头黑步甲会有所转变，产生逃跑的念头。但是，最后我知道自己的想法错了。无论我把它放在木头上、玻璃上、沙土上，还是松软的泥土地上，它都不改变自己的战略战术。在一片对它来说挖掘起来极其容易的地面上，它照样是静卧着不动弹，同在坚硬物体上躺着时一模一样。

大头黑步甲对不同材质物体表面采取了同样态度，并不厚此薄彼，坚持一视同仁，这一点为我们的疑惑稍微地敞开了一点儿门缝。接下来所发生的事情令这扇门大大地敞开了。接受实验的大头黑步甲躺在我的桌子上，离我很近，可以说是就在我的眼皮子底下。我发现它的触角在半遮挡着它的视线，但它的那两只贼亮的眼睛看着我，盯着我，观察着我。面对着我这么个庞然大物，这个昆虫会有什么样的感受呢？

我们就认为这个正盯着我的昆虫把我看作是欲加害于它的敌人吧。

这样的话，只要我待在它的面前，这个生性多疑的昆虫就会一动不动地躺着。如果它突然又恢复活动了，那它肯定是认为已经把我耗得差不多了，已经让我完全失去了耐心。那么，我还是先躲到一边去。既然它面前的这个庞然大物已经离开了，它也就用不着再装死，再耍这种花招也没什么意义了。所以，它就会立刻翻转身子，急急忙忙地溜之大吉。

我走出十步开外，到了大房间的另一头，隐蔽好，不弄出任何动静。但是，我的这番谨慎小心的心思全都白费了。那只昆虫仍旧待在原地，没有一点儿动静，就这么静静待了好长好长的时间，跟我在它的近旁待的时间一样的长。

它真够狡猾的，想必它是发觉我仍旧待在这间房间里了，只是待在房间的另一头罢了。这也许是它的嗅觉在告诉它我并没有离去。一计不成，我就另生一计。我用钟形罩把它给罩住，不让讨厌的苍蝇去骚扰它，然后，我便走出房间，到花园里去了。房间的门窗全都紧闭着，屋外的声音传不进去，屋内也没有什么会惊扰它的。总之，一切会令它感到惊恐的东西，全都远离了它。在这么安静而不受骚扰的环境中，它会有什么反应呢？

实验的结果是，假死的时间与其他情况之下的持续时间完全一样，既未增加也未减少。过了二十分钟的时候，我进屋里去查看了一下；过了四十分钟的时候，我又进屋里去查看了一番；但是，情况没有发生任何的变化，它仍旧是仰面朝天，一动不动地原地躺着。

这之后，我又用几只虫子做了相同的实验，但结果是，在它们装死的过程中，并没有任何令它们感到危险的东西存在，在它们的周围，既没有声音，又没有人或其他昆虫的情况之下，它们仍然一动不动。它想必并不是在欺骗自己的敌人。这一点得到肯定之后，我便推测其中必然另有原因。

那它究竟为何采取这种特殊伎俩来保护自己呢？一个弱者、一个得不到保护的不惹是生非的人，在必要之时，为了生存而采取一些诡计，这是可以理解的；但它可是一个浑身甲胄、崇尚武力的家伙，为什么要采取这种弱者的手段，对此我感到很难理解。在它所出没的势力范围内，它是打遍天下无敌手的。强悍的圣甲虫和蛇金龟，都是生性温厚的昆虫，它们非但不会去骚扰它、欺侮它，相反，倒是它食品储存室里的源源不断的猎物。

我又开始怀疑，是不是鸟儿对它构成了威胁？可是，它同步甲虫的体质相同，身体里浸透着一股刺鼻恶心的气味，鸟类闻了是绝不敢把它吞到肚子里去的。再说，它白天都躲藏在洞穴里，根本就不到洞外来，谁也见不到它，谁也不会打它的歪主意。而到了天黑之后，它才爬出洞外。可夜里鸟归林，河边已无鸟儿的踪影了，它也就根本不存在有被鸟类一口啄到之虑。

这么一个对蛇金龟，有时也对圣甲虫进行残杀的刽子手，这么一个并没有谁敢碰的可恶而凶残的家伙，为什么一遇风吹草动便立刻装死呢？我百思不得其解。

我在这同一片河边地带，发现了同时在此居住的抛光金龟，也叫光滑黑步甲，它给了我启迪。如果前面所说的大头黑步甲是个巨人，相比之下，现在所提到的同是这片河边的主人的抛光金龟就是个侏儒了。它们很像，同样是乌黑贼亮，同样是身披甲胄，同样是以打家劫舍为生。但是，相比之下算是侏儒的抛光金龟，虽然远不如其“巨人”同类个大力强，但它却不懂得装死这个诡计，无论你怎么折腾它。把它背朝下放在桌子上，它会立即翻转过来，拔腿就跑。我每次实验，也只能看到它背朝下静止不动几秒钟而已。只有一次，也许我实在是把它折腾得够呛，它总算是假装死去地待了一刻钟。

这“侏儒”与“巨人”的情况怎么这么不同呀？“巨人”只要一被弄得仰面朝天，就静止不动了，非要装死一个钟头之后才翻身逃走。强大的“巨人”采取的是懦夫的做法，而弱小的“侏儒”则是采取立即逃跑的做法。二者反差这么大，其原因究竟是什么呢？

于是，我便想试试危险情况会对它产生什么样的影响。当大头黑步甲背朝下腹朝上一动不动地静躺着的时候，我在想，让什么敌人出现在它的面前好呢？可我又想不出它的天敌是什么，只好找一种让它感到是个来犯者的昆虫。于是，我便想到嗡嗡叫的苍蝇了。

大热天里做实验，苍蝇嗡嗡地飞来飞去，真是让人心烦。如果我不给大头黑步甲罩上钟形罩，也不在它的身边守着，那么，讨厌的苍蝇肯定会飞落在我的实验对象的身上。这样，苍蝇就会帮上忙了，可以替我探听一下装死的大头黑步甲的虚实了。

当苍蝇落在装死的大头黑步甲身上，刚刚用自己的细爪挠了它几下，它的跗节便微微颤动，仿佛因直流电疗的轻微振荡而颤抖一样。如果这个不速之客只是路过，稍作停留，随即离去的话，那么，这细微的颤动反应很快便会消失；如果这位不速之客赖着不走，特别是，又在浸着唾液和流着食物汁的嘴边活动的话，那么，受到折腾的大头黑步甲就会很快蹬腿踢脚，翻转身子，逃之夭夭。

它也许是觉得，在这么个不起眼的对手面前耍花招实在没有必要，有伤自尊。它重又翻转身子离去，是因为它明白眼前的这个骚扰者对自己并不构成什么威胁。看来，我们得另请高明，让一个力量强大、身材魁梧、让人望而生畏的讨厌的昆虫来试探一下大头黑步甲了。正好，我喂养着一只天牛，它的爪子和大颚都十分厉害。天牛这种带角的昆虫，我知道是性情平和的，但大头黑步甲并不了解这个情况，因为在它所出没的河边地带，从来没有出现过天牛这种大个儿昆虫。说实在的，看上去，这长角的天牛真的会让其他蛮横的虫类望而生畏，退避三舍。对陌生者本来就有的一种恐惧感，一定会让情况复杂起来的。

我用一根稻草秆儿把天牛引到大头黑步甲旁边。天牛刚把爪子放到静静地仰卧着的那个家伙的身上，它的跗节便立即颤动起来。如果天牛非但不把爪子挪开，而且还老在它的身上摸来挠去，甚至转而变成一种侵犯的姿态，那么，如死一般躺着的大头黑步甲便会一下子翻转身子，仓皇地溜走。这情景，与双翅目昆虫骚扰它时一模一样。危险就在眼前，再加上对陌生者所怀有的恐惧感，它当然会立即抛弃装死的骗术，逃命要紧。

我又做了一个实验，结果也颇让我感到欣慰。大头黑步甲仰躺在桌子上装死，我便用一件硬器物轻轻敲击桌腿，让桌子产生微微的颤动。但不能猛敲，免得桌子发生摇晃。我注意掌握力量的大小，让桌面产生的颤动仿佛是一种弹性物体所产生的颤动一样。用力过大，会惊动大头黑步甲，它就不会保持其僵死状态了。我每轻敲一下，它的跗节便蜷缩着颤动一会儿。

最后，我们再来看看光线对它所产生的影响。到目前为止，我的实验对象都是待在我书房那个弱光环境中接受我的实验的，并未接触到直射进来的太阳光。此刻，我书房的窗台已经洒满阳光。我要是把我的实验对象移到阳光充足的窗台上去，让这个静卧着一动不动的昆虫接触一下强光，它会有何反应呢？我刚把大头黑步甲往窗台这么一移，效果立即产生：大头黑步甲腾地翻转身子，拼命奔逃。

现在，真相大白了。吃尽苦头、被折腾得够呛的大头黑步甲，已经把自己的秘密吐露出来了。当苍蝇戏弄它，舔它粘有黏液的嘴唇，把它当作一具尸体，想吸尽所有可口的汁液的时候；当它眼前出现了那个让它望而生畏的天牛，爪子已经伸到它的腹部，像是要占有一个猎物的时候；当桌子发生轻微的震颤，它以为是大地传来的震颤，断定有敌人在自己的洞穴附近挖掘，将要来袭的时候；当强烈的阳光照射到它的身上，对自己的敌人十分有利，而对喜欢昏黑的它不利，让它以为自己的安全受到威胁的时候，它就会立即做出反应，抛弃装死的骗术，立即逃命。但是，当一种灾祸对它构成威胁的时候，它通常采取它那装死的惯技，以骗过敌人。所以说，装死是它的看家本领。

在我以上所提及的那种危在旦夕的时刻，我的实验对象是在战栗，而不是在继续装死。在这类危险之下，它已经是方寸大乱了，慌不择路地拼命逃遁。它那一贯的伎俩已经不见了踪影，确切地说，它根本就无计可施了。所以说，它的静止不动，并不是装出来的，而是它的一种真实状态，是它的复杂的神经紧张反应造成它一时间陷于动弹不得的状态之中。随便一种情况都会让它极度地紧张起来，随便一种情况都可以让它解除这种僵直状态，特别是受到阳光的照射。阳光是促发活力的无与伦比的强烈刺激。

我觉得，在受到震动后长时间保持静止状态方面，可以与大头黑步甲相提并论的是吉丁中的一种，即烟黑吉丁。这种昆虫个头儿不小，浑身黑亮，胸甲上有白粉，喜欢在刺李树、杏树和山楂树上待着。在某些情况下，你可能会发现它把爪子紧紧地收拢起来，触角耷拉着，仿佛僵死了一般，而且可以保持这种状态一个多小时。而在其他的情况下，它总是一遇危险便迅速逃走。从表面上看，是气候因素在起作用，但我却并没明白气候到底暗暗地发生了什么变化。在这种情况下，一般来说，我发现它僵直状态只是保持一两分钟而已。

烟黑吉丁在光线暗淡的地方一动不动，可我把它一移到充满阳光的窗台上，它立刻就恢复了活力。在强烈的阳光下只待几秒钟，它便把自己的一对鞘翅分开，作为杠杆，骨碌一下爬了起来，立刻就想飞走，好在我眼疾手快一把摁住了它，没让它逃掉。这是一见到强光就惊喜，一晒太阳就狂热的昆虫。一到午后炎热的时候，它便趴在刺李树上晒太阳，如痴如醉，快活极了。

看见它如此喜欢酷热，我便立刻产生一种想法：如果在它装死的时候，立刻给它降温，那它又会做出何种反应呢？我猜想它会延长其静止状态。但这种方法使不得，因为一旦降温，有越冬能力的昆虫可能会被冻得麻木，随即会进入冬眠状态。

我现在需要的不是烟黑吉丁的冬眠，而是要它保持充沛的活力。所以，我要让它处于徐缓的、有节制的降温状态，要让它像在相似的自然气候条件下一样，依然具备它平时那样的生命行为方式。于是，我动用了一种很合适的制冷材料——井水。我家的那口水井，夏季里，水温要比外面气温低十二摄氏度，清凉清凉的。我用惊扰的方法，把一只烟黑吉丁折腾得处于僵缩状态，然后，让它背朝下躺在一只小的大口瓶底上，再用盖子把瓶口盖紧盖严，放进一个装满冷水的小木桶里。为了使桶里的水保持低温，我不断地往桶里加井水。在加入新的井水时，我小心翼翼地先把原来桶内的井水一点儿一点儿地去掉，动作必须轻而又轻，否则便会惊动瓶子里的昆虫。结果十分理想，我并没白费心思。那只烟黑吉丁在水中的瓶子里待了五个小时都没有动弹一下。五个小时可不算短，而且，如果我再这么实验下去，它可能还会坚持更长时间的。但是，五个小时已经很不错了，很能说明问题了，绝不要以为它这是在耍花招。毫无疑问，它此时此刻并不是在故意装死，而是进入了一种昏昏沉沉的麻木状态，因为我一开始把它折腾得只好以装死来对付，后来，降温的方法又给它创造了一个超乎寻常的延长休眠状态的条件。

我对大头黑步甲也采取了这种井水降温法，但它的表现却不如烟黑吉丁，在低温下保持休眠状态的时间没有超过五十分钟。五十分钟不算稀奇，以往没有用降温法时，我也发现过大头黑步甲静卧过这么长时间。

现在，我可以下结论说，吉丁类昆虫喜欢灼热的阳光，而大头黑步甲是夜游者，是地下居民。因此，在进行“冷水处理”时，吉丁与大头黑步甲的反应就不尽相同。温度降低之后，怕冷的昆虫会惊魂不定，而习惯于地下阴凉环境的昆虫则不以为然。

我继续沿着降温的这一思路进行了一些实验，但并未发现什么新的情况。我所看到的是，不同的昆虫在低温下保持休眠状态的时间之长短，取决于它们是追求阳光者还是喜欢阴暗者。现在，我再换一种方法来试试看。

我往大口瓶里滴上几滴乙醚，让它挥发，然后，把同一天捉到的一只粪金龟和一只烟黑吉丁放进瓶里。不多一会儿，这两只实验品便不动弹了，它们被乙醚给麻痹了，进入了休眠状态。我赶紧把它们取了出来，背朝下地放在正常的空气之中。

它俩的姿态与它们各自受到撞击和惊扰后的姿态一模一样。烟黑吉丁的六只足爪，很规则地收缩在胸前；粪金龟的足爪则是摊开来的，不规则地叉开着。它们是死是活，一时还说不清楚。

其实，它们并没有死。两分钟后，粪金龟的跗节便开始抖动，口须开始震颤，触角开始缓缓地晃动。接着，前爪活动起来。又过了将近一刻钟，其他爪子也都乱摇动起来。因碰撞震动而选择静止状态的昆虫，很快就会采取动态姿态的。

但烟黑吉丁却如死了一般地躺着，好长时间也不见它动弹。一开始，我真的以为它死了。半夜里，它恢复了常态，我是第二天才看到它已经像平时一样地在活动了。我在乙醚尚未充分发挥效力之前，便及时地停止了这个实验，所以没有给烟黑吉丁造成致命的伤害。不过，乙醚在它身上所起的作用要比在粪金龟身上所起的作用严重得多。由此可见，对碰撞震动和降低温度比较敏感的昆虫，对乙醚所产生的作用同样也很敏感。

敏感性上的这种微妙的差异，说明了为什么我用同样的撞击和手捏方法使两种昆虫处于静止不动状态之后，它们的表现会有这么大的区别。烟黑吉丁静卧姿态保持了近一个小时，而粪金龟则只待了两分钟就在摇晃自己的足爪了。直到今天为止，我也只是在少有的情况之下，才能见到粪金龟能坚持两分钟的静卧姿态。

烟黑吉丁体形大，且有坚硬的外壳保护身体，它的外壳硬得连大头针和缝衣针都扎不透。既然如此，为什么它那么爱装死，而无坚硬外壳保护的小粪金龟却无须装死来保护自身呢？这种情况，在不少的昆虫身上也都是存在的。各种昆虫当中，有些会长时间一动不动，有的却坚持不了一会儿；仅仅依照接受实验的昆虫的外形、习性来预先判断其实验结果，是完全不可能的。譬如，烟黑吉丁一动不动的时间保持得很长，那么，就可以断定与它同属的昆虫，因其类别相同，就一定同烟黑吉丁的表现是一样的了？我碰巧捉到了闪光吉丁和九星吉丁。我在对闪光吉丁做实验时，它硬是不听我的指挥。我把它背朝下按住，它就拼命地抓我的手，抓住我捏着它的手指，只要一让它的背着地，它就立即翻过身来。而九星吉丁却不用费劲儿就能让它静卧着不动了，只是它装死的时间也太短了！顶多也就是四五分钟而已！

我在附近山间碎石下经常可以发现一种墨纹甲虫，身子很短小，且有一股怪味。它能持续一个多小时一动不动，与大头黑步甲不相上下。不过，必须指出，在大多数情况之下，它只坚持几分钟的僵死状态，然后便恢复常态。昆虫能长时间地坚持一动不动，是不是因它们喜欢暗黑的习性造成的？完全不是，我们看一看与墨纹甲虫同属一类的双星蛇纹甲虫就十分清楚了。双星蛇纹甲虫后背滚圆滚圆的，仰身翻倒后，立即便翻过身来。还有一种拟步行虫，脊背扁平，身体肥实，鞘翅因无中缝而无法帮它翻身。因此，它静止不动、装死一两分钟之后，便在原地仰卧着拼命踢蹬、挣扎。

鞘翅目昆虫因腿短，迈不了大步，逃命时速度不快。因此，它应该比其他昆虫更加需要以装死来欺骗敌人，但实际上并非如此。我逐一地观察、研究了叶甲虫、高背甲虫、食尸虫、克雷昂甲虫、碗背甲虫、金匠花金龟、重步甲、瓢虫等一些昆虫，它们全都是静止几分钟，甚至几秒钟，便恢复了活力。还有不少种类的昆虫，根本就不采取装死这一招。总之，没有任何的昆虫指南可以让我们事先就断定，某种昆虫喜欢装死，某种昆虫不太愿意装死，某种昆虫干脆就拒绝装死。如果不经过实验就先下断言，那纯粹是一种主观臆测。

昆虫的“自杀”行为①

人们不会去模仿自己根本就不认识的人，也不会假扮成自己所不了解的人，这一点是显而易见的。所以说，要想装死，就必须对死亡多少有点了解。

昆虫，或者更确切地说，动物，它们对有限的生命会有预感吗？它们会在自己那极其简单的脑子里思考生命终止这一可怕的问题吗？这种对生命的最后时刻所感到的惊恐不安，既是人所感到的最大痛苦，也是人之所以伟大的一个证明。命运卑微的动物就不存在这种不安。它们与意识模糊的小孩子一样，只享受现在，不考虑未来。它们摆脱了“人生苦短”的忧虑，生活在一种蒙昧无知的甜美的宁静之中。

少年时期、中学时代的我也是个淘气包。我常常与几个同学在放学回家的路上，到河边去摸那种很小的花鳅。花鳅被我们抓到之后，拼命地挣扎，没有装死的样子。我们也常去抓鸟，鸟被抓到之后，吓得浑身哆嗦，但也没见它装死。可有一次，我看到火鸡（我们附近养火鸡的人家很多），便突发奇想，要折腾折腾火鸡。圣诞将至，它将成为大家节日的盘中餐了。我便把家中的一只火鸡的脑袋别在它的翅膀下面，一边用手摁住它，不让它动弹，一边从上往下慢慢地摇晃它两三分钟。奇怪的现象出现了。我的

① 本篇主要讲述了蝎子的“自杀”行为，而蝎子并不是昆虫，还请读者注意。

实验对象变成了一堆没有了生气的东西，它侧着身子倒在地上，任由我摆弄它。如果不是它那时而膨胀起来，时而瘪了下去的羽毛显露出它仍然在呼吸着的话，我还真的以为它已经死了。它确实像只死鸟。它把自己那变得凉冰冰、足趾蜷缩起来的爪子缩到肚腹下面，看着十分可怜。圣诞节，平安夜，尚有几天才到，它就这么死了，那可就太早了点。但是，我白担心了。它醒了，站立起来，只是身子有点摇晃，站立不稳，而且尾巴耷拉着，无精打采的样子。但这种状况并未持续多久。不一会儿，它又恢复了常态，欢蹦乱跳起来。

这种迷迷糊糊、昏昏沉沉、麻木迟钝的状态介于熟睡与死亡之间，持续的时间有长有短。我又多次用火鸡做过实验，每一次都出现这种一定时间的静止状态，有时持续半个小时，有时则只持续几分钟工夫。同昆虫一样，想要弄清楚原因，并非易事。后来，我又用珠鸡[①]做了相同的实验，做得非常成功。它那迷迷糊糊、昏昏沉沉、麻木迟钝的状态持续了很长时间，以至我当时都有点忐忑不安了。它的羽毛不像火鸡那样，没有起伏，无一点儿生命的迹象，我真的以为它已经憋死了。我用脚轻轻地把它挪动了一下，但它却一点儿反应也没有。我又把它挪动了一下，只见它把脑袋从翅膀底下扭出来，站立住，平衡了一下身体，立刻便飞跳着逃走了。它那麻木状态维持了半个钟头。

我后来又对母鸡、鸭子、鸽子、雏鸟、翠鸟进行了实验。母鸡、鸭子、鸽子麻木状态保持得较短，只有两分钟左右，而雏鸟和翠鸟则更加顽固，半睡半醒状态只有几秒钟。

我们还是关注我们的昆虫吧。昆虫从静止不动状态恢复到活动状态，呈现出十分值得注意的特点。我们曾用乙醚对实验对象进行过实验，它们确实是被催眠了，一动不动。它们并不是在耍花招，这一点是毫无疑问的。它们真的是处于死亡的边缘。如果我不及时地把它们从散发着乙醚气味的大口瓶里弄出来，那它们就永远不会从麻木状态中苏醒过来，最后必死无疑。

---

① 珠鸡：又称珍珠鸡，是动物界鸡形目珠鸡科鸟类。头小身体胖，羽毛灰色有白斑点。

它们身上究竟是什么在预示它们生命恢复了呢？那就是：它们脚上的跗节在微微颤动；触须在微微颤抖；触角在摇晃摆动。这就像人一样，从酣睡中醒转来时，伸伸胳膊腿儿，打打哈欠揉揉眼睛。昆虫也是先摇动自己的那些细小的趾肢节和最活动的器官，以示其知觉的恢复。

如果昆虫真的是在耍花招施诡计的话，它又有什么必要去做这些细致的苏醒准备动作呢？危险一旦消除，或者被认为已经消除，它为什么不迅速站立起来，尽快逃脱，何必慢慢腾腾地做那些很不合适的假动作呢？它难道会狡猾到在最小的细节上也要假装复活不成？绝对不是这么一回事。这种看法是毫无道理的。脚上跗节的颤动，触须和触角的晃动，都明显地说明存在着一种真正的、即将消失的昏沉迷糊的状态，这种状态与乙醚麻醉所造成的后果相似，只是程度较轻而已。脚上跗节的颤动表明，被我折腾得动弹不了的实验对象，并不是民间传说或流行的理论所坚持的那样，昆虫是在装死。它确确实实是被施行了催眠术。

被敲击物体引起的震动所影响，或者突然间遭受惊吓，昆虫便会陷入一种迷迷糊糊、昏昏沉沉的麻木状态。这种状态就像是鸟儿把头埋在翅膀下面，原地晃晃悠悠地站立一会儿一样。对于我们人来说，突然看见恐怖的事情，我们会被惊呆，茫然不知所措，有时甚至因此而丧命。作为高等动物的人尚且如此，那么，反应极其敏锐的昆虫，其生理机能在遇到可怕事物的震慑惊吓时，它怎能承受得住，怎能不暂时就范呢？如果惊恐程度不太严重，昆虫在片刻的痉挛之后，很快就会恢复常态，惊恐症状也就随之得以缓解；如果惊恐程度很严重，它就会突然进入催眠状态，好长时间僵直不动。

昆虫根本就不知道死亡是怎么回事，它又怎么会装死呢？当然是不可能的。昆虫同样也不知道自杀是怎么回事，根本不知道自杀是用来立刻终止极其痛苦的状况的一种手段。据我所知，我还没见到过有动物自动剥夺自己生命的自杀实例。富于感情的昆虫，有时会任凭苦恼去折磨自己，直至神形憔悴，这种事情倒是有的；但是，用匕首刺死自己，用小刀割断自己的喉咙这种事，我却从未见到过。

说到这儿，我倒是想起了“蝎子自杀”的事来。对于蝎子是否会自杀，众说纷纭，有人认为确有其事，有人则持否定态度。有人说，蝎子被一圈火围住之后，用带毒的蜇针扎自己，直到自杀成功为止。这故事究竟有多少真实的成分？我们亲自来做个实验看看。

我所住的环境为我提供了便利的条件。我在几只大泥瓦罐里铺上一层沙土，再放上几片碎瓦片，养着一群怪模怪样的昆虫。我一直在企盼着它们向我提供一些有关昆虫习性方面的事实，它们却不肯满足我的愿望。我养的是南方的那种大白蝎，一共有十二对。附近小山上阳光充足的沙质土地带，有许多扁平的石条；每块石条下面都居住着一只蝎子，孤零零的。这种可憎可恶的丑陋家伙无处不在，多得不得了。这种大白蝎子恶名在外。

它的毒针到底有多厉害，我未亲身经历，所以也说不清楚。可是，我书房里关着这群可怕的囚徒，我总得与它们接触。需要去查看它们时，必然会有危险，所以我加倍地小心，注意避开它们的锋芒。既然我自己没有亲自尝到过它们的厉害，我便只好向别人求教。我让曾经被蝎子蜇过的人谈谈他们被蜇的体验。这些人主要是打柴的樵夫，他们长年在山上砍柴，难免会一不注意就被蝎子蜇上一下。

其中一位樵夫曾经告诉我：“我吃完了午饭，靠在柴捆上打了个盹儿。突然间，一阵钻心剧痛把我给疼醒了。那滋味就好像是被烧红了的钢针给扎了一下似的。我赶紧伸手去摸，一把摁住了一个乱爬乱动的家伙。是只蝎子！它钻进了我的裤腿里，在我小腿肚子下边一点儿蜇了我一下。这只丑陋不堪的小怪物，足有人手指头那么长。喏，这么长，先生，这么长。”

这位老实忠厚的樵夫边说边比画着，还把自己那根长长的食指伸出来。手指长的蝎子我并不觉得有什么可惊奇的，因为我在野外捕捉昆虫时，时不时地也会碰到蝎子，比手指长的也有的是。

“我还想继续干活儿，”那位忠厚的樵夫继续对我说道，“可我浑身直冒冷汗，眼瞅着那条腿渐渐地肿胀起来，肿得有这么粗，先生，这么粗。”

他比画着肿胀的腿，然后，又张开双手，空掐在小腿周围，比画出有一只小水桶那么粗的圈圈来。

“真的，有这么粗，先生，这么粗。我一步三挪，使出吃奶的劲儿，忍着剧痛，才回到家里，其实也只有四分之一里那么点儿路而已。小腿越肿越厉害，还在往上肿去。第二天，已经肿到这么老高的地方了。”

他用手指了指，告诉我已经肿到小腿窝儿那儿了。

“真的，先生，整整三天，我下不了床，站不起来。我咬着牙关，拼命忍着，把肿腿跷到一把椅子上。敷了好几次碱末，总算把肿给消了下去。喏，才恢复成现在这个样子。先生，您看。”

说完自己被蜇的经历之后，他又跟我讲述了另一个樵夫的故事。那人也被蝎子蜇了小腿下部。那个樵夫走出老远去砍柴，被蜇了之后，没有力气走回家去，走走便倒在了路边。后来，被几个过路人发现了，他们抱头的抱头，抱腰的抱腰，抱腿的抱腿，总算把樵夫送到了家里。“他们就像在抬死尸一样，先生。真的，就像抬死尸一样！”这位讲述者带着乡下人的风格在叙述着，说话时比画个没完，但我却并不觉得他夸张。人要是被蝎子蜇了，那疼痛确实是难以描述的。而蝎子要是被自己的同类蜇了一下，那它很快就支持不住了。对此，我有很大的发言权，因为我亲自做过多次这样的观察研究。

我从我的“动物园”里取出两只强壮的大蝎子，把它俩同时放进一个大口瓶的沙土底儿上。然后，我拿起一根稻草梗儿，去撩拨它们，激怒它们，并让它们往后倒退，最后，相互遭遇上。这两个受到骚扰的大家伙本来就怒火中烧，现在仇人相见，分外眼红。这怒火是我给挑起来的，但看上去，它俩都把这挑衅的罪责算到了对方的头上。双方都把自己的防御武器——呈月牙儿形的钳子举起，钳口大张，顶着对方，不让对方靠近自己；两条蝎子尾巴你一下我一下地突然伸出，从背部上方向前刺去；毒囊不断地撞在一起，一小滴如清水般的毒汁挂在蜇针的硬尖上。

格斗进行的时间并不长。其中的一个被另一个的毒针刺中，只见它没过两三分钟便站立不住，摇摇晃晃，倒在了地上。得胜者毫不客气，走上前去，平静如常地开始撕咬战败者的头胸前端，也就是撕咬我们想找到蝎子头看到的却只是个肚腹前口的地方。它一口一口慢慢地撕咬，时间拖得很长。一连四五天，这个战胜者一直没有停止过啃噬自己的同类。它要把战败者吃掉，其理由有一点是可以被理解的：这个行为对战胜者来说是正大光明的。

我从观察中掌握了真实的情况：蝎子的毒蜇针能够使自己的同类即刻毙命。现在，我想谈一谈蝎子的自杀问题，也就是有人说过的那种自杀法。如果按人们所说，蝎子被一圈火炭围住，它便会用蜇针蜇自己，最后，以自愿死亡来结束这失常的状态。如果真的是这样的话，那么，这对这种野性十足的昆虫来说，应该是一件很理想的事。现在，还是让我们来看一看吧。

我用烧红的木炭围成一个圆圈，把我养着的那只个头儿最大的蝎子置于圈中。风助火势，木炭越烧越旺。热浪滚滚，向圈中的蝎子袭去。灼热难耐，只见它一个劲儿地倒退着在火圈内打转。稍不注意，身体便被火苗灼了一下，它便左一闪右一躲，突然加快倒退速度，不顾方位地瞎冲瞎奔，身体免不了又遭到火灼。它每次想逃出重围，都会被狠狠地烧一下。它变得狂躁不安。往前冲，被烧一下；往后退，又挨火灼一下；它进也不是退也不是，既绝望又愤怒。只见它怒气冲冲地挥舞着自己的长枪，再反卷成钩状，然后伸直，平放于地，接着又把长枪举起。它的动作迅疾而又章法不乱，简直让我眼花缭乱，惊叹不已。

现在，它该给自己一枪了，以便摆脱这进退维谷的境地。谁知道，它竟突然一阵抽搐，然后便一动不动了，身体直直地平躺在地上。等了一会儿，仍不见它有所动作，像是完全僵直了。它真的死了？也许在它那让人眼花缭乱的狂舞中，有一枪刺中了自己，而我却没有看到。如果它真的是用自己的长枪刺中自己的身体，以自杀得以解脱，那它肯定是死了。

但是，我心中总是存有疑惑。于是，我便用镊子把看上去已经死了的蝎子夹起来，放在一层清凉的沙子上面。一小时之后，这个看上去已无生命迹象的蝎子却突然复活了，与放进火圈中间之前一样的活泛，虎虎有生气。我又用第二只、第三只蝎子做了同样的实验。结果同第一只蝎子的情况完全一样：因绝望而发狂，突然间一动不动，像遭雷击似的瘫软地平躺在地上；放到清凉的沙子上时，又都生机勃发了。

由此可以断定，说蝎子会自杀的人，一定是被它那突然失去生命力的假象给蒙骗了；他们看见蝎子身陷火墙的高温之中，于绝望之中变得疯狂至极，浑身抽搐，猝然倒地，便以为它经过垂死挣扎，终于自杀身亡了。他们过早地得出一个错误的结论，以致让蝎子在火墙中活活地被烤焦了。如果他们不是那么轻信表面现象，早点把蝎子从火墙内取出，置于清凉的沙子上，那他们大概就会发现，表面上看似死去了的蝎子会恢复生命活力；就会得出结论，蝎子根本就不知道什么叫自杀。

可以说，除了高级动物——人以外，任何具有生命的生物都不具有自愿结束生命的这种视死如归的精神力量。我们人，自以为具有很大的勇气和魄力从生活的苦难中自行解脱，并把这种解脱视为人的崇高特质，视为一种可以进入沉思境界的优势，好像这是人优于其他动物的一种标志。然而，我们一旦真的把这种精神付之于行动，实际上则是一种懦弱的表现。

谁若是想走上自杀这条道的话，最好想一想中国的一位伟大的哲人——孔子在两千五百年前所说的话。这位中国哲人有一天在树林中遇到一个陌生男子，见他正往树杈上扔绳子做套，准备上吊，便赶紧向那陌生人说了几句话。伟大的哲人说："哀莫大于心死。哀皆可补，唯心死不能。勿以万事于子皆无可救，试以历多世而无争之理自服。此理为：活则无绝望之事。人能自至哀达至乐，自至难达至福。子其鼓勇若自今日起知生之所值。子其善用寸阴。"①

这种中国式的哲思深入浅出，浅显易懂，但其寓意却十分深刻。它让人想起一位寓言作家的另一种哲学。寓言家写道：

若我被人致伤致残，
缺腿断臂，患痛风，
只要我仍活着，
我便心满意足矣。

的确，中国的伟大哲人和这位寓言家说的都很有道理。生命是一种严

---

① 从古籍中查无对应段落，疑为作者自己总结归纳而成。

肃的东西，不能因遇到点儿艰难困苦就心烦意乱，轻易地就把生命抛弃。我们不应把生命视为一种享乐、一种磨难，而是应该把它视为一种义务，一种只要一息尚存就必须全力以赴地去尽的义务。

让生命的最后一刻提前到来者，就是懦夫，就是蠢货。我们有权凭着自己的意愿决定坠入死亡深渊的方式，但这并不意味着我们有权轻生遁世。相反，这种自由意志的权利恰恰赋予了我们动物毫无所知的向前看的本领。

只有我们才知晓生命的欢乐会怎样结束；只有我们才能预见自己末日的到来；只有我们才对死者表示缅怀，怀有崇敬之情。凡此种种，都是一些重大的事情，这是其他动物所想不到的。当伪劣的科学在高谈阔论，在拼命让我们相信一只可怜的昆虫会耍花招装死的时候，我们要求这种科学应更贴近事物本身去进行观察研究，切莫把昆虫因恐惧而引发的昏厥状态误以为是装出的自己根本并不知晓的状态。

只有我们人才能够清醒地认识到一种结局，只有我们人才具有想见到人世彼岸的卓越本能。地位卑微的昆虫们也在发表着自己的意见：“你们应有信心。本能是从来不会违背自己的诺言的。”

蟹　蛛

蟹蛛爬行时像螃蟹一样，横行霸道，因此得名。它也像螃蟹一样，前步足比后步足粗壮，只是它的两条前足不像螃蟹前足那样戴着“拳击手套”。

蟹蛛不会织网捕猎。它的捕猎方法是，埋伏在花丛中窥视，一旦猎物出现，它会飞快地掐住对方的脖子。它尤其喜爱捕捉家蜂。一贯爱好和平的蜜蜂，为了采蜜来到花间草丛，用舌头先在花丛中探测，选好一处花粉多的开采区后，便立刻忙于收获了。待蜜蜂的花篮里装满了花粉，肚子慢慢地鼓起来的时候，蟹蛛便从花丛下的隐藏处突然蹦出来，纵身跃起，掐住蜜蜂的后脖颈根部。后者无助地拼命挣扎，用螫针乱扎一气，但攻击者始终不肯放手。

蜜蜂的奋力挣扎、反抗未能奏效，由于颈部的神经被死死地掐住，脖子又被蟹蛛以迅雷不及掩耳之势咬住，没一会儿便蹬着小腿儿一命呜呼了。刽子手满意地吮吸着被害者的血，吸干之后，便不屑一顾地将蜜蜂干尸弃之一旁，重新埋伏在花丛中，伺机捕捉下一个采集花粉者。

受肠胃制约的动物，简直像恶魔。为了获得鲜美肉嫩的猎物，他们根本不会去顾及对方的工作之神圣、生活之快乐、母性之温柔、临终之痛苦，只要自己能大快朵颐就可以了。我们所说的这种蟹蛛，可能很像古罗马执法官手下的手持束棒的侍从，专司捆绑犯人于行刑柱上。许多蜘蛛都是这样，为了制服猎物后随心所欲地把它吃掉，就用“绳子”先把猎物捆绑结实。

从这一点来看，上述比喻还是挺恰当的。但关键的问题是，对蟹蛛来讲名、实并不相符：它并没有用绳子捆绑蜜蜂，蜜蜂是被它咬伤脖子而死的，而且几乎没有对刽子手进行任何反抗。

蜘蛛几乎总是有一个大肚子，里面储存着大量的丝，有些蜘蛛用腹中的丝来制细丝线，而所有的蜘蛛都会用自己的丝来织卵袋中的莫列顿双面呢。蟹蛛也不例外，它也同其他蜘蛛一样，用肚子里的丝为自己的婴儿编织保暖服装，只是它的肚子不像其他蜘蛛那么大，那么臃肿。

蜜蜂的杀手很怕冷，在法国，它几乎没有离开过橄榄树的故乡。它尤其喜欢一种名为岩蔷薇的灌木。这种灌木开出的花呈粉红色，花朵很大，有点皱皱巴巴的，保持的时间不长，只有一上午。第二天，凉爽的黎明来临时，新开的花便取代了昨日的花。花期通常要持续五六个星期。

蜜蜂很爱到这里采花蜜。它们在雄蕊那宽大的管圈上飞来飞去地忙碌着，满身都蹭上了黄色的花粉。蟹蛛闻讯匆忙赶来，躲藏在一片由花瓣构成的粉红色帐篷下面，随时准备向猎物发动攻击。我朝这片花丛望去，只见四处的花上都落着蜜蜂。如果我发现有一只不动弹了，伸直了舌头和腿脚，我便连忙赶过去，因为那无疑是蟹蛛在作怪，它刚杀了“人”，正在吮吸尸体里的血。

话说回来，蜜蜂的这个捕杀者长得十分漂亮。尽管它那金字塔形的躯干上坠着个大肚子，下端左右两侧各隆起一个驼峰状的乳突，但它的皮肤看上去简直比绸缎还要柔软。有些蟹蛛的皮肤呈乳白色，有些则呈柠檬色；有一些挺讲究的蟹蛛还在腿上戴上不少的粉红色的镯子，背上饰有胭脂红的曲线，胸部两侧有时还佩戴着一条淡绿色的细带子。蟹蛛的服装色彩虽然不如彩带蛛那么丰富，但是就简明、精致和色彩搭配而言，要比后者的服装色彩优雅许多。即使对蜘蛛感到恐惧和厌恶的没有经验的人，也不得不承认蟹蛛的优雅，忍不住要抓起一只看似温驯平和的蟹蛛观赏一番。

蜘蛛类昆虫中的这个宝贝有何才干呢？首先，它会建造适合自己的巢穴。金翅鸟、燕雀以及其他建筑师善用植物的侧根、植物纤维、棉絮团等在枝丫上构建贝壳形的巢。蟹蛛也喜欢在高处盖房造屋。为了建造自己的屋子，它在自己平时捕猎的岩蔷薇上，选择一根长得很高、因炎热而枯萎了的树枝，枝上还挂着一些卷成小窝棚的枯叶。蟹蛛便在其上搭建巢穴，生儿育女。

蟹蛛肚子似梭子状，里面装满了丝，它让肚子轻轻地上下摆动，把丝拉向四周。它织成一个袋子，袋壁与周围的干树叶浑然一体。这个白色的不透明的巢，一部分露在外面，一部分被树叶遮掩，插在树叶间的夹角里，呈圆锥形，像丝蛛所织的袋子，但体积要比丝蛛袋小些。

当卵产入袋子里之后，一个用同样的白丝织成的盖子便把这个袋子口盖严实，再用几根丝织成一个薄薄的帘子，在卵袋上做成一个遮篷，然后再用弯曲的叶尖做成一间凹室，母亲便居于其间。

这不仅是疲劳的产妇产后休息之所，还是一个很好的掩蔽所，一个监视哨所。母亲就坚守在这个监视哨所之中。它平趴着，直到自己的孩子们大批地迁移。它因产卵以及筑巢建窝耗费了大量的丝，所以身体变得十分消瘦。现在，它只是为了保护自己的窝巢而活着。如果有不速之客从附近经过，它会立即冲出哨所，抬脚踢蹬，把这不速之客赶跑。当我用一根草去撩拨它时，它便奋力地反击，用拳头击打我所使用的武器，仿佛在跟那根草进行拳击。如果我想做些实验，故意让它挪挪窝，那就得费点儿工夫，因为它会死死地抱住丝质地板不放，让我无法得逞。我因害怕伤着它，也不敢太用力。这个顽强的家伙刚被逗引出窝，便会立即返回自己的岗位，它放不下自己的宝贝们。

蟹蛛同纳博讷狼蛛一样，当别人夺它的宝贝时，它便会奋力反击。这两种蜘蛛都同样勇敢，同样忠诚，但也同样糊涂，分不清宝贝是自个儿的还是别人的。

我们也无法用母爱来形容它们，因为它们那样做只是出于冲动，只是出于一种机械性的爱，没有真正的温情孕育其中。生活在岩蔷薇上的高雅的蟹蛛，也不见得就比狼蛛聪明。如果把它移到另一个形状相同的窝里去的话，它便在那儿安家，不再挪窝，尽管那个袋子上排列规则有所不同的叶子已经明显地在告诉它，这儿并不是它原先的家。但它只要脚下踩着丝，就不会发现自己摸错了门，被弄到别人的家里了，它像监护着自己的巢穴一样谨慎有加地监护着这个新家。

在母性的盲目这一点上，狼蛛则表现得尤为突出。它把我用锉刀锉成的软木球、纸团和线团当成了自己的卵袋，粘在纺丝器上，带着走来走去。我想了解一下蟹蛛是不是也会这么犯糊涂，便在封闭的圆锥形卵袋里放了一些蚕茧的碎片，把碎片那较细较平的一面朝上。我的诡计未能奏效。离开了自己的家，被安置在人造袋子上的雌蟹蛛死活不肯在那儿安家。这么看，它好像是比狼蛛要聪明一些吧？也许是这样，但是，也别因此就对它大加赞扬，因为那个巢模仿得不够标准，过于粗糙。

五月底，产卵的任务完成了，平趴在巢顶上的母蟹蛛无论白天还是黑夜，都不离开其掩蔽体。见它那么干瘦，我便准备为它提供几只蜜蜂。它一定会开心的，因为我以前就这么做过。

可我推断错了，这并不是它需要的。此前它一直偏爱的蜜蜂已经引不起它的兴趣了，即使被我放进网罩里的蜜蜂唾手可得，它也无动于衷，任由其嗡嗡地叫。而且它并未擅离职守，一直坚守着自己的岗位，靠着母爱的执着在维持着生命。因此，我只能眼睁睁地看着这个蟹蛛母亲日益衰弱，越来越干瘪。这只消瘦的蟹蛛究竟在等待什么呀？

它是在等着自己的孩子出世，它这个垂死者对它的孩子们还有用。彩带蛛的孩子从“气球”里一出来便无人照看，成了孤儿。这些孤儿根本无力从自己的袋子里挣脱出来，必须靠气球自行爆裂。气球爆裂时，小彩带圆形蛛和棉床垫会被一股脑儿弹出来。

蟹蛛的袋子外面大部分地方都加了一层树叶，它永远不会自动爆裂。只要封条仍贴在盖子上，它就不会自行打开。当小蟹蛛获得解放后，我发现盖子周围有一个小洞口敞开着，宛如天窗。这个天窗原先并不存在，是谁把它打开的？

袋子的布料质地很好，非常厚实牢固，里面关着的年幼体弱的小蟹蛛根本就扯不破它。是它们的母亲解救了它们。母亲感觉到丝绵顶篷下的孩子急于出来，在乱蹬乱踢乱拱，就帮它们把袋子捅破了。蟹蛛母亲拖着病体坚持了三周，就是等着这一刻——用牙把卵室咬开。母亲的天职完成了之后，它便欣慰地坦然逝去，并紧紧地贴在自己的窝上，变成干尸。

七月到来，小蟹蛛出世。我预知它们有杂技表演的习性，便在它们出生的那个罩子顶上放了一束很细的枝条。它们果然全都钻过纱网，聚到枝条上来，并很快地在那上面用自己的丝交错地编织出一个宽阔的临时营地来。开头两天，它们躲在营地里，比较安静，随后便在一个物体与另一个物体之间架设起天桥来。这是我进行观察研究的大好时机。

我把一束爬满小蟹蛛的枝条置于开着的窗户前的一张桌子上，放在背阴的地方。不一会儿，它们便开始进行大迁移，但速度缓慢且毫无秩序。小蟹蛛们有些迟疑，它们有的在向后倒退，有的则吊在丝的一头垂直坠落，然后丝往上收，又把吊在半空中的小蟹蛛带了上去。总之，一片忙碌，不见成效。

大约十一点，我灵机一动，把急于迁移的小蟹蛛所盘踞的那束枝条放到烈日照射的窗台上。被太阳暴晒了几分钟之后，情况便大不相同了。这帮小移民们爬到小树枝的顶上，十分活跃，动弹个不停。这儿简直成了一个令人眼花缭乱的制丝绳的车间，几千条腿都在从纺丝器里往外拉丝。丝绳制好后，便被甩了出去，任凭风儿将它带走。我得实话实说，我并未看见丝绳，只是凭自己的猜想。三四只蟹蛛同时出发，然后分道扬镳，各行其道，看着它们的爪子灵巧地忙碌着，我就知道它们都在往上攀爬，顺着一个支撑物攀缘。但它们身后的那根丝仍然可以看得出来，因为这是一条复线。等到达某一高度时，它们便停止了攀登，在空中荡了起来。经阳光一照，只见它们一个个闪闪发光，缓缓地晃动着，然后突然飞了起来。

这是怎么回事呀？原来，外面微风吹来，飘荡的丝断了，小蟹蛛吊在“降落伞”上，被吹走了。我看着它们远去，像光点似的闪着光亮，落在了二十步开外的那片墨绿的柏树林中。第一只小蟹蛛消失了，其他的小蟹蛛也随之消失不见了，有的飞得高一些，有的飞得低一些，飞向不同的方向。

在阳光的照射下，骤然发出耀眼光芒的小蟹蛛犹如焰火一般。它们紧攥住飘荡的飞丝，飞向了辽阔的世界。但或早或迟，或远或近，它们都得落地。唉！生活所迫，必须降落，哪怕是降落到很低洼的地方。这就如同带冠毛的夜莺，为了填饱肚子，不得不将路上的驴粪蛋捣碎，从中觅食。它在天上飞时唱着动听的歌，其实，那是它饥肠辘辘又找不到燕麦粒充饥所导致的，它必须落到地上，寻找食物充饥，以解燃眉之急。这是动物求食的本能使然。小蟹蛛也是因为同样的原因不得不降落，不过它们因有“降落伞”的保护，削弱了重力作用，不致摔伤。

在有能力捕捉蜜蜂之前，小蟹蛛能够抓获多少小飞虫？采用什么方法捕捉？是靠一些雕虫小技吗？它们最后将去哪儿过冬？凡此种种，我不得而知。春天到来时，我们还会见到它们的，那时它们业已长大，并潜伏在蜜蜂采花蜜的花丛之中。

圆网蛛

圆网蛛的才能不因年龄的变化而发生变化。小圆网蛛未成年时如何工作，老年圆网蛛即使积累一年的工作经验，也还是同幼年时一样工作。在它们的行会中，既无师傅也无徒弟。从铺第一根丝起，个个都对自己的行当非常精通。

七月初的一个傍晚，暮色苍茫，当新居民们正在我的荒石园的迷迭香上编织蛛网时，我突然在门前发现一只肚大腰圆、高傲而美丽的蜘蛛。它是一位胖夫人，头年刚出生，其威风凛凛之态在此季节实属罕见。我认出它是角形蛛，穿一身灰衣服，两根暗色饰带嵌于身体两侧，于后部相会，聚成一个尖儿。它短时间内就能从左右两侧把肚子底部胀得鼓鼓的。

我全神贯注地观察它，看到它拉出了一批丝。整个七月以及八月的大部分日子，每晚八点到十点，我都可以追踪观察它的织网过程。每晚都有小飞虫冲撞落网，蛛网或多或少地都会有些破损，所以它每天都得加以修补，免得洞越弄越大，难以修补，影响捕猎。晚间，我提着灯笼，很容易观察到它所做的各种作业。它藏身于一排柏树和一丛月桂之间的高处，面对着飞蛾经常飞临的狭窄通道。它的网设置的位置极佳，整个夏季，它每晚都得修补破网，虽然十分辛苦，但也说明它的猎获成绩斐然。有时候，黄昏时分，我们全家都会跑去看它。看到它在颤动不已的蛛网上大胆地做着那么惊险的杂技动作，大人孩子都十分惊叹。在我的提灯的照亮下，蛛网变成了一个美丽的圆形花饰，仿佛是月光编织而成的。

我把角形蛛的业绩记录下来，每日一记，从不遗漏。从这些日记中，我们首先可以了解到建造这个圆形建筑物的丝线是如何取得的。圆网蛛白天就蜷缩在柏树的绿叶中，到晚上八点，它便走出自己的隐居地，来到树梢上。它立于这高地上，仔细地观察现场，还要观云望天，看看夜间天气是否晴朗，然后，制订计划。

之后，它便突然完全伸展开它的八条长腿，身子悬吊在从纺丝器里拉出来的丝桥上，直线坠落。在下坠的过程中，丝也随之抽出。它凭借自身重量作为拉力，但下坠并不因重量而加速，而是由纺丝器进行调节。它边下坠边收缩，或扩张或闭合纺丝器的毛孔。这样缓缓地下降时，这条充满活力的垂直丝线就越拉越长。降到离地面两寸高时，它突然停下，纺丝器停止了工作。它抓住自己刚刚拉出来的丝，回转身来，一边纺织一边沿原路往上爬去。但这一次体重帮不上忙，它得另外想法拉丝：后面的两只步足迅速地交替运作，把丝从丝囊里拉出来，再逐渐地把丝抛开。

它回到了两米高处的出发点。它已拥有一根双股丝线，结成环柄状，在空中轻轻地飘荡着。它把这根双股丝线的一端固定在适当的地点，等着另一端被风吹起来，把环柄黏结在附近的细树枝上。

也许要等待很久才能得到预期的结果。圆网蛛看上去倒挺有耐心，一点儿也不着急，可我却按捺不住，便走上前去助它一臂之力。我用麦秸把飘荡着的环柄挑起，把它搭在高度适当的一根细树枝上。经我这么一弄，丝桥搭建成功了，圆网蛛看来颇为满意。当它感到丝的另一端已经粘住时，便在桥上一连跑了几个来回，每跑一趟都会在丝桥上加上一股丝线。它就这么不停地编织了一阵框架的主要构件后，悬挂缆绳便铺设好了。这丝缆很细，看起来也很简单，但它的两端却像开花似的分散开来，形成树枝状。圆网蛛来回多少趟，便有多少个分叉。这一股股分叉丝线，黏着点各不相同，使丝缆两端固定得十分牢靠。

悬挂缆比整个蛛网的其他部分更加牢固，所以它留存得也就更久。经过一夜的捕猎，蛛网一般都会受到不同程度的损坏，第二天晚上几乎都得加以织补。打扫完了战场，在彻底清理过的地方，就得重起炉灶，只有丝缆除外，因为重新编织的网还得悬挂在这根粗粗的丝缆上。这根丝缆架设起来并非易事，因为架设成功与否并不完全凭借圆网蛛的技艺，还得依靠空气的流动，把细丝吹到灌木丛中去寻找一个依托。所以，架设丝缆会费不少的时间，而且还无法保证必然能成功。一旦架设好了一条既牢固、方向又好的丝缆之后，圆网蛛轻易不会更换掉它，除非发生了严重的事件。每天晚上，圆网蛛都从丝缆上走过来走过去，用新的丝加固它。

当圆网蛛无法下坠到必需的位置，丝线太短，不能将环柄固定在远处，因此形不成双股丝、搭不成丝桥的时候，它便采用另一种方法。它仍然下坠，然后又爬上来，不过，这一次丝的一端像蓬松的毛笔，各个分叉没有粘在一起，宛如从莲蓬头里洒出来的水似的。然后，这根如同浓密的狐狸尾巴似的细丝，像是被剪刀剪断了一样伸展开来，整根丝拉长了一倍。现在，它的长度达到了要求，圆网蛛便把丝的一端固定住，另一端则随着分散的枝杈随风飘荡，不一会儿就会很容易地黏结到灌木丛上去。

圆网蛛无论以何种方式铺设丝缆，只要铺设成功，它就有了一个基地，可以随时接近或离开作为依托的枝丫了。这根丝缆是它扩建工程的上限，圆网蛛可以根据这根丝缆变换降落点。往下滑一点儿，边滑边抽丝，再沿着抽出的丝往上攀爬，同时也抽出丝来，形成双股丝。圆网蛛在大丝桥上行走时，双股丝便一直延伸到系着丝桥的细枝，随即便把双股丝自由的一端或高或低地系在细枝上，从而在左右两边造出了几个斜向横档，丝缆和枝丫连在了一起。而这些斜向横档转而又支撑着其他的方向都有变化的横档。待到横档达到一定数量的时候，圆网蛛就无须再用下坠的方法来抽丝了。它可以从一根丝索到另一根丝索，用它的后足拉丝，逐渐地把丝架设起来，形成一系列的直线组合。这种组合并无一定之规，但却是保持在几近与地面垂直的同一平面上。一个极不规则的多边形空地就这样圈定了，蛛网就编织在这片空地上，但是，网本身却是一个非常有规则的作品。

圆网蛛都是以中心瞄准点作为标杆来铺设等距离的辐射丝的。在铺设时都有辅助螺旋丝作为脚手架，但这脚手架只是临时的，用完就丢弃。而且还有许多圈相互紧密靠拢着的捕捉飞虫的螺旋丝。铺设这种捕捉飞虫的螺旋丝是一项极其精细的工作，因为工程要求必须有规则性。这么精细的工作是否需要极其安静的环境，不受外界的干扰，以免走神出错呢？它是不是需要安静的环境边干活边思考呢？其实用不着。我在一旁观察，而且手里还提着提灯，但它并未因此而分心走神，照样细心地工作着。它就像一架在黑暗中转动着的纺车，即使被光线照射着，仍旧按部就班忙着自己的活计，既没加快速度，也没放慢步伐。

八月的第一个星期日是主保圣人节。星期二是庆祝活动的第三天，这一天晚上，村里在九点时得放烟花庆祝节日的结束。烟花燃放点正巧设在我家门前的大路上，离我的圆网蛛的工作地点只有几步远。大家敲着鼓，吹着号，手持树脂火把，村里的小孩欢闹着，真的是一片熙熙攘攘的景象。这时，我的纺织姑娘正好在铺设它的大螺旋丝。我提着灯观察着，但是，我看见纺织姑娘仍旧在静静地专心工作。人群的喧闹声，鞭炮的噼啪声，烟火的叭叭声，以及五颜六色的火花散落时的亮光，丝毫没有引起纺织姑娘的惊慌不安。它继续有板有眼地忙碌着，和平常的寂静的夜晚一样。

圆网蛛刚刚在休息区边上结束了铺设大螺旋丝的活计，便把用节余的丝头做成的中央坐垫吃掉了。但是，在把这顿标志着织网工作结束的夜餐吃掉之前，蜘蛛目中只有两种蜘蛛——彩带蛛和丝蛛——还要对自己的工程进行最后的检查、认定。也就是说，它们还要从中心到休息区下部边缘铺设一条紧密相靠着的白色之字形带子。有的时候，甚至在上部也会再铺设一条同样形状，但稍微短些的带子。这种带子看似古怪，其实是用来加固蛛网的。年幼的圆网蛛开始时并不做这种加固工作，因为它们并未达到考虑未来的年龄，还不懂得节约用丝的重要性，所以，尽管网并未完全损坏，仍可以使用，但它们每晚都要重新编织新网。既然要重织新网，那旧网加固不加固又有什么关系呢？

可是，到了秋末冬初，成年蜘蛛感到产期临近时，便不得不勤俭节约了。因为不仅卵袋的耗丝量很大，而且，成年蜘蛛的网做得也大，需用的丝也就多。因此，它们不得不厉行节约，使网用的时间长些，免得筑巢搭窝要用丝时捉襟见肘，日子难熬。

也许是出于这一考虑，或者有其他我尚不知晓的原因，反正彩带蛛和丝蛛认为有必要建造持久耐用的工程。它们用一根横向贯穿的带子来加固捕虫网。而其他圆网蛛的卵袋只不过是个简简单单的小弹丸，用丝不多，所以没有必要去编织加固丝网的之字形带子。它们与年轻蜘蛛一样，每天傍晚都要重新编织一张蛛网。

我们再来看看角形蛛是如何进行重新织网的工作的。日暮时分，角形蛛便从其隐居地小心翼翼地爬出来，离开遮蔽着它的柏树叶，来到捕虫网的悬挂缆上。在上面稍稍待上一会儿之后，它便下到网上，大把大把地收拢废网，把螺旋丝、辐射丝和框架全都扒拉到步足下面来，只把悬挂丝缆留着，因为这个结实的部件是原建筑物的基础，稍事加工，便可留作结新网之用。

收拢来的废网被揉捏成一小团，像猎物似的被蜘蛛吃掉，一点儿不剩。这再次表明圆网蛛是多么会过日子，多么克勤克俭。这些废网丝经过蜘蛛胃的加工，又变成液体，留作他用。

清扫完场地之后，角形蛛便开始在留下的那根悬挂丝缆上编织框架和网。晚上九点，角形蛛把网编织好了。晚间天气甚好，树梢纹丝不动，正是飞蛾夜巡、自投罗网之时。刚才我已经说了，在大螺旋丝弄好之后，圆网蛛就将中央小坐垫吃掉了，然后回到休息区守株待兔。这时候，我便用小剪刀沿着一条直径把蛛网剪成两半，辐射丝立即收缩回来，网上便出现了一个可以伸进三个指头的空洞。

躲藏在丝缆上的蜘蛛看到我在搞破坏，倒也并不太惊慌。当我剪完之后，它便平静如常地爬了出来，在剩下的那半张网上停下，待在整个圆面的中央。由于身体一侧的步足没有地方可以支撑，所以它明白这网已经破损，于是立即拉了两根丝横穿在缺口上，没有地方支撑的步足便伸到这两根丝上，然后它就不再动弹了，一心窥伺着飞虫落网。

这个纺织姑娘整个晚上都没有像我所企盼的那样把破网织补好，而只是死守在那半张剪剩下来的残缺不全的网上，等着捕获猎物。因为第二天早晨我又去看时，那网仍旧与我头天晚上离开时一模一样，没有任何织补过的迹象。

在缺口上横拉那两根丝并不是因为它想修补破网。由于身体一侧的那些步足没有依托，准备打猎时，它便从裂缝中穿过去。在它往返的路上，它像其他的圆网蛛一样留下一根丝。但这也并不说明它想织补破网，而只是心情不佳，来回走动，借留丝以消怒而已。我用剪刀剪坏它的网，它却固执地不去织补，那好，一计不成，我另设一计。

第二天，蜘蛛把头一天的网吞吃下肚之后，又织出了一张新网。工作完毕之后，我趁它回到中央区待着时，用一根麦秸小心翼翼地拨动螺旋丝，把它拉出来，但并不破坏辐射丝和休息区。螺旋丝晃动着，一截截地断了。捕虫螺旋丝损毁，蛛网就没有用了，在尺蛾飞过时就捕捉不到了。面对这场灾难，圆网蛛会干什么呢？它什么也没干。它只是一动不动地待在我给它预留的休息区里，等待捕捉猎物。但那网已经起不到捕捉飞虫的作用了，它白白地守候了一夜。翌日清早，我去查看时，发现那网仍破损如昨，足见圆网蛛即使饥肠辘辘，也不思修补自己的大本营。

也许它在铺设好那根大螺旋丝之后，纺丝器里的丝已经告罄，不可能再连续不断地吐丝了。但我却希望不是这个原因，盼着另有原因。我坚持不懈地等待着，终于有了结果。在我紧紧地盯着它绕大螺旋丝时，有一只猎物傻乎乎地落入这个残缺不全的陷阱。圆网蛛一见，立刻放下手上的活计，冲向那个倒霉的冒失鬼，用丝把它缠住，美美地吃了起来。在与那个挣扎的倒霉蛋搏斗时，圆网蛛看到网的一角被撕破了，出现了一个大洞，这会影响捕猎。面对这个大洞，它会如何处置？这时候必须赶紧修补，否则就永远无法进行修补了。事故就出现在它的脚下，它不会不知道，再说，此刻，它的纺织厂正在开工，纺丝器里不会没有丝。可它根本就没去理会，它把猎物吮吸了几口之后便撇下了，回到因捕食尺蛾而中断了工作的地方，继续去铺设它的大螺旋丝。有些人不知出于什么理论的需要，竟然大肆颂扬蜘蛛的织补能力。我所做的实验却证明完全不是这么回事：蜘蛛根本就不会织补破网。它尽管苦恼，若有所思，但不会去修补破洞。

其他一些蜘蛛不会编织大网眼的网，经它们织出的绸缎，丝线随意地交叉着，形成连续不断的丝绸料子。这类蜘蛛包括家蛛。它们在我们的墙角上铺就一块宽大的丝绸布，固定在墙角突出的地方。它就躲在侧面的角落里——它的住所。这住所是一根丝管，管口是呈锥形的一个长廊。它藏于其中，窥伺外面的情况。这块丝绸布胜过我们最柔软的平纹布，极其精细。但它并不是一个捕猎工具，而是一座平台，蜘蛛可在上面巡逻，特别是夜晚。真正的捕猎器是在这个平台上的一堆乱丝绳。这类蜘蛛编织捕猎器的规则与圆网蛛不同，因而运作方式也有所不同。那上面没有黏稠的线，只有简单的线圈，但铺就得密密麻麻，猎物一旦落入，就甭想溜掉。一只飞虫落入此陷阱，越是挣扎，就越被缠得紧紧的。家蛛见状，立刻冲上前去，把它掐死。

我做了个实验。我把家蛛的这块丝绸布弄了个圆洞，直径有两指宽。一整天，洞就这么敞开着。但是，到了第二天，我却发现洞已经被盖住了。盖着洞口的是一片细密的薄纱，薄得看不出来，必须用一根麦秸去挑一下才能感觉得到。因为麦秸往那儿一戳，丝绸布便会摇动，我便知道是遇到障碍物了。

事实是明摆着的：夜里，家蛛把破损建筑物修补过了，给破丝绸布添了个补丁，这可是圆网蛛所不具备的才能。家蛛的这块丝绸布既是它的监视哨所，又是它的捕猎网。猎物一旦被上面的吊索抓到，便会坠落到这块丝绸布上。这个捕猎场会不断地有猎物坠落，但并不很牢固，因为墙皮斑驳，有细泥灰落下，把网坠破。所以家蛛得经常加工，每天夜晚都要在上面加上新的一层。

它每次从管状隐蔽所出来或回去，总要把系在身后的一根丝牵长，留在走过的路上。我看见搭在表面的丝线，其方向全都汇聚在管状隐蔽所的入口处，无论家蛛随心所欲走得是直道还是弯路。这就表明，它每走一步，都要给这块丝绸布添上一根丝线。这与松毛虫倒是同出一辙，松毛虫夜晚从住所里出来进食或返回屋里休息时，总要在其住所的表面留下一条丝线，每次出征都要为自己的住所“添砖加瓦”。

家蛛也是如此，它每天夜晚都要到平台上溜达，同时也就给平台加上了一层，无论平台上是否出现了空洞。它这并非是有心为撕破的地方织补一块，只是做自己的习惯动作。如果说破洞终于补上了，那也只是习惯使然，而非家蛛特意为之。再者，如果说要把破洞织补上的话，那它就该集中全部注意力，把丝全用在破洞上，把损坏处弄得与其他地方一样平展。可我所看到的却是，破损的地方只留下一层薄薄的几乎看不见的薄纱。显然，它在破洞上的所作所为与它在别处的做法一模一样，不多也不少。它并没有把丝全用在破洞上，它这是在节约材料，以便留着丝可以织一整张网。要把损毁处逐渐修补好，得花很长的时间。足见，无论是地毯女工还是纺织姑娘，都不懂织补这门手艺。

现在，我们还是来仔细观察一下圆网蛛是如何巧妙地编织自己的螺旋丝网的。只要稍加留意，就会发现，组成捕虫网的丝与构成框架的丝是不一样的。它们在阳光下闪烁着，显现出其中的结节，状似一串由小颗粒编成的念珠。因为一有风吹来，网就飘来荡去的，无法用显微镜直接观察。于是，我便把一块玻璃片放在网下，抬起那张网，这样就有几段丝平放在玻璃片上，然后我把它们放在放大镜和显微镜下仔细地观察。

我简直无法相信，这些肉眼看都不太清的丝的末端竟然是一圈圈密实的螺旋丝，而且，这种丝还是空心的，是一根极细极细的管子，管内满是类似于阿拉伯树胶的黏液。这黏液是半透明的液体。我用玻璃片压住它，放在显微镜的载物台上，只见螺旋卷延伸成细带，带子从一头到另一头全都卷曲着，中间有一道暗线，即为空腔。

丝里面的黏液就穿过这卷曲的管状丝的壁，一点儿一点儿地往外渗，使整个网都具有黏性，而且黏性很强。我用一根细麦秸轻轻地触碰了一段丝的第三、四节。尽管是轻而又轻地一触，麦秸还是被粘住了。我拉高麦秸，丝被拉起，长度比原先增长了一两倍。最后，由于绷得过紧，丝便脱落了，但并没有断，只是缩回到原先的长度。丝被拉长时，螺旋卷便松开；缩回去时，螺旋卷又卷曲起来。最后，黏液渗到丝的表面，丝变成了黏合物。

总之，这螺旋丝是我从未见过的纤细如发丝的细管。它卷成螺旋状以便具有弹性，使之经得住猎物的挣扎而不被拉断，以致猎物逃脱。丝管里储存的大量的黏性物质，不断地渗透出来，在丝的表面，因暴露于空气中而黏附力减弱的时候，可以恢复丝的黏性。这简直太奇妙了。

圆网蛛并不是在一般的网上捕食，而是在带黏胶的网上捕猎。其黏性之大，令人叫绝，就连蒲公英的冠毛轻轻擦过，也会被粘牢的。可是，圆网蛛天天在这张网上爬来爬去，怎么就没被粘住呢？

我前面已经介绍过，蜘蛛在其捕虫网的中央留着一个区域。黏性螺旋丝不进入这一区域，它们在离这个中心区尚有一定的距离时便终止了。这个中心区域在整张网中占有掌心那么大的面积，它由辐射丝和辅助螺旋丝的开端构成，不具有黏性。我用麦秸在这个中心区域试探过，发现在这个中心区域内的任何地方都不会被粘住。

圆网蛛只是驻守在这个中心区域，在这个休息区内几天几夜地监视着，等待猎物自投罗网。但是，猎物经常在大网的边缘被粘住，届时圆网蛛会立即冲上前去，把猎物五花大绑，让它挣扎不了。那么，它是如何在那黏性丝上行走的呢？我见它行动时快如闪电，毫不犯难，黏性丝并未因其步足的移动而被带起来。这到底是怎么回事呀？

我小的时候，每逢周四下午不上课，同学们都会三五成群地跑到田野里抓金丝雀。我们在给竹竿头上涂黏胶前，总要先用点油抹抹手，以免粘住了自己的手。圆网蛛是不是也了解油脂的这个用途呢？

我用纸沾了点儿油把麦秸擦了擦，再把它拿到螺旋丝上试了试，果然，麦秸没被丝粘住。于是，我从一只活圆网蛛身上取下它的一只步足，把它放在涂了油的麦秸上让它与黏丝接触，它就像在非黏性丝上一样，没有被粘住。圆网蛛在任何情况之下都不会被粘住，这一点我们早就应当预料到。

我又做了一个实验，结果却完全不一样了。我把这只步足先放在油脂物的最佳溶解剂——硫化钠中浸泡了一刻钟，然后，用一支浸泡了这种溶解剂的毛笔把这只步足仔仔细细地清洗了一番，然后让它与捕虫网的螺旋丝接触，它立刻就被粘得牢牢的了。我因此得出结论，圆网蛛之所以不会被黏性极强的螺旋丝粘住，说明它身上肯定有着一种脂肪物质。仅仅由于出汗，蜘蛛身上也会被轻轻地涂上一些这样的脂肪性物质。蜘蛛身上涂着这层特殊的汗液，在网上就能行动自如，不用惧怕黏性螺旋丝了。

不过，即便如此，圆网蛛也不能在螺旋丝上待得太久。与这种黏性丝接触得太久、就会造成黏附，从而妨碍它的行动自由。而它必须保持敏捷的身手，才能在猎物挣脱掉之前把猎物捆绑起来。因此，它用来长时间窥伺的地方是绝对不会有黏性极强的螺旋丝的。圆网蛛只是在休息区里才这么静止不动地长时间待着。它伸开自己那八只步足，时刻准备着有猎物落网，蛛网晃动，然后冲出去。即使是用餐进食时，它也待在这个休息区里。因为有时猎物较大，得吃上好长时间，所以只能把猎物弄到休息区里美美地细嚼慢咽。它把猎物五花大绑，使之失去挣扎能力之后，把猎物拖到一根丝的末端，以便在没有黏性的中心区域享用。

这种黏性胶数量很少，无法对它的化学特性加以研究。我们从显微镜下可以看到从断丝里流出一种略带粒状的透明液。我通过实验了解到了这种液体的情况。

我用一块玻璃片穿过蛛网，采集到了一些固着成平行线的黏胶丝，然后把这块玻璃片放在水面上，用一个罩子罩起来。罩子里湿度很高，不一会儿，蛛丝边缘便伸展开来，黏性胶在这种可溶于水的套管中逐渐膨胀，变成了流体。这时候，丝管的螺旋形状消失了，在蛛丝的管道里出现了一种半透明的圆珠，也就是一些极小极小的颗粒。

二十四小时后，丝里面的液体没有了，丝变成了几乎难以看出的细线。我如果在玻璃片上滴上一滴水，几乎立即会看到一种黏性分解物。由此可见，圆网蛛的黏胶是一种对湿度极其敏感的物质，在温度饱和的环境下，它会大量地吸收水分，然后通过丝管渗透出来。因此，圆网蛛通常不会在大雾天里织网，更不用说在雨地里了，因为捕虫网被雾浸湿便会溶解成黏性破片，由于受潮而失去效用。但这并不妨碍它们构建总的框架，架设辐射丝，甚至绕辅助螺旋丝，因为这些部件不会因湿度过大而受到损毁。

在毒日头的暴晒下，捕虫网为什么没有变干、萎缩，变成僵硬而无活力的细丝，反而始终是那么具有弹性，而且黏附力越来越强呢？这完全是由于它对湿度的极大的敏感性导致的。空气中永远都会存在湿气，湿气会慢慢地浸入到黏性丝里去，随着丝里原有的黏性的逐渐消失，它会按照需求稀释丝管里浓稠的胶汁，并让胶汁渗透到管外。这就使螺旋丝不会变干变硬。尽管如此，我仍旧没有弄明白这个出色的拉丝厂是如何工作的。丝质的东西怎么会铸造出极细的管子？这管子又怎么会充满黏胶，而且卷成螺旋形？同一家拉丝厂如何既能提供普通丝以加工框架、辐射丝和螺旋丝，又能提供彩带蛛丝袋里的那种棕红色的丝以及装饰在丝袋上的黑色横条饰带的？我看见了许许多多不同品种的产品，却不了解这部机器是如何运作的。我才疏学浅，这个问题只好留待解剖学家和生物学家去解决了。现在我们还是来看看圆形蛛身上是否有“电极线”吧。

在我所观察的六种圆网蛛中，只有彩带蛛和丝蛛这两种蜘蛛，即使是烈日当头也始终待在自己的网上，而其他蜘蛛一般只是在夜晚出现。它们在离网不远的灌木丛里有自己的简易隐蔽所，白天通常都待在那儿静止不动，专心窥伺外面的动静。

但是，毕竟离得较远，它们到底怎么发现有猎物落网的呢？其实，网的颤动比亲眼看到猎物更会引起它的警觉。我做了一个实验，在彩带蛛的黏胶网上放了一只刚刚死去的蝗虫。不管我怎么放，蜘蛛都没有任何反应，即使我把蝗虫放在它前方不远处，它仍旧一动不动，似乎毫无知觉。于是我用一根长麦秸轻轻地拨动了一下死蝗虫，彩带蛛和丝蛛立即从中心区域冲了过来，其他的一些蜘蛛也从树叶下面钻出来，奔向猎物，用丝把猎物捆得结结实实，如同平常捕捉活物一样。这就证明，必须让网震动才能使蜘蛛发动攻击。

会不会是因为蝗虫体色泛灰，不太能引起蜘蛛的注意？那么，就给它换一个颜色鲜亮的猎物。蜘蛛捕食的猎物中还没见过有穿红颜色外衣的，我便用红毛线绕了一个小圆团，大小如蝗虫一般，粘在蛛网上。

此计甚妙。只要小毛线团一动，蜘蛛就立刻冲过来；毛线团不动弹时，蜘蛛就静止不动地待在其中心区域里。有一些冲过来的蜘蛛，傻乎乎地用脚尖触碰小毛线团，用丝把它捆绑了起来，甚至还咬了咬这个诱饵。这时候，它们才发现那不是什么猎物，便悻悻地离去了。另外一些蜘蛛比较狡猾，虽然也被这红毛线制作的诱饵吸引了过来，但它们先用触角和步足进行了试探，便立刻发现那不是什么可吃的东西，就没浪费自己的丝去捆绑诱饵。一番检查后，它们便弃之离去了。

但是，不管怎么说，聪明的也好，愚笨的也好，反正它们都冲了过来。那么，它们究竟是怎么获得情报的呢？肯定不是靠视觉。在发现错误之前，它们必须先用步足抓住“猎物”，甚至还要咬一咬。蜘蛛的视力极弱，诱饵不会动弹时，即使近在咫尺，蜘蛛也看不见诱饵，何况，多数情况下，捕猎是在夜间进行的。即使蜘蛛视力再好，夜晚也看不清东西。所以，它一定配备着一个远距离接收信息的仪器。我们随便找一只蜘蛛进行观察就会发现，当它白天躲在隐蔽处窥伺时，有一根丝从网的中心拉出来，斜向拉到蛛网平面之外，一直通向蜘蛛白天的隐蔽哨所。这根丝线除了与中心点相连之外，与蛛网的其他部分没有任何关系，与框架的线也不发生交叉，这根丝线通常长约半米。角形蛛因为高踞于树上，它的这根丝线就更长些，达两米。显然，这根斜向丝线是一座丝桥，当蜘蛛遇到紧急情况，便会迅速地从桥上跑到网上来，巡查结束后，又从桥上返回隐蔽哨所。实际上，这就是它来回往返所走的路。

但是，可能不仅如此。如果圆网蛛只是为了在隐蔽所和蛛网之间搭建一条快速通道的话，把丝桥搭在蛛网的上部边缘不就行了吗？这样的话，路程既短，斜坡又不陡。再有，这根丝为何总是以黏性网的中心为起点，而不设在别处呢？因为这个中心点是辐射线的汇聚处，是一切震动的震中，网上的所有东西都会把其颤动传到这个中心点上。因此，中心点上的这根斜向丝线就可以把所有猎物挣扎震颤的信息传到远处。这根线是个信号器，是根电极线。

我们再来做个实验。我把一只活蝗虫放到蛛网上，被粘住的猎物拼命地挣扎。只见蜘蛛立即兴冲冲地爬出隐蔽所，从丝桥上下来，扑向蝗虫，把它捆绑住，注射麻醉药。然后，用一根丝把俘虏固定在丝器上，拖到隐蔽所，美滋滋地享用起来。

过了几天，我又对它进行实验，用的仍旧是一只蝗虫。但这一次，我先把信号天线给剪断了。猎物被放到网上后，同样拼命地挣扎，震颤着蛛网，蜘蛛却一动不动，无动于衷。这并不是因为丝桥断了，它来不了了，它有几十条道可以来到猎物所在地，因为蛛网由许多丝系在枝丫上。通道多的是，来去自由，方便至极。可是，捕猎者就是没动窝。为什么呢？因为它的电极线被我剪断了，没有获得由猎物引起的震颤消息。整整一个钟头了，蝗虫仍旧在踢蹬着腿挣扎着，捕猎者仍旧一动不动地待在原地。最后，蜘蛛发觉那根信号线绷得不紧，觉得很是蹊跷，便顺着框架上的一根丝，毫不困难地来到网中了解情况。于是，它发现了猎物，便立即将猎物捆绑起来。然后，又去架设新的电极线，取代被我剪断了的那一根。它通过这条新丝桥，拖着战利品，回到隐蔽处。

这之后，我又对电极线粗壮且长达三米的角形蛛进行了实验；后来，又对另一种圆网蛛——漏斗蛛进行了实验。这两次用的猎物是蜻蜓，实验的方法相同，结果也完全一样。实际上，各种蜘蛛都有这种捕猎所必需的电极线，不过，只有到了喜欢休息和长时间地打盹儿的年龄才会有。年幼的圆网蛛则没有，一来是因为它们比成年蜘蛛警觉；二来它们也没有掌握收发电极线的技术；再者，年幼蜘蛛编织的网存在的时间短，没等到第二天就都不能用了，所以没有架设电极线的必要。

埋伏着的蜘蛛的脚一直踩在电极线上，这样一来，它就可以不必总是强打着精神时刻警惕着，可以安然地休息，用不着过分劳累，甚至背朝着网也能知晓网上的动静。我就观察过一只胖大的角形蛛，它在两棵月桂树之间编织了一张直径有一米的大网。阳光照射在网上，而角形蛛在黎明时分便已离开了网，躲藏在它白天休息的庄园里。我顺着那根电极线查过去，很容易地就发现了它的庄园。那是一个用几股丝连起来的枯叶建成的隐蔽所。此屋极深，除了角形蛛那圆乎乎的屁股之外，它的身子全都隐蔽得看不见了，而它那肥臀却把隐蔽所的大门堵得严严实实。

它把前半身整个儿地藏进隐蔽所里，根本就看不到它的那张大网。即使它视力再好，并非弱视，也无法看见猎物。这并不说明在这阳光普照的时刻它只顾歇息，不想捕获，我们再来仔细地观察一下。只见它的一只后步足伸到屋外来，而那根电极线就连在这只步足的足尖上。突然间，有只猎物撞到网上，这只步足立刻接收到了震颤的消息，角形蛛睡意顿失，惊醒过来，冲了出去。是我故意放上的一只蝗虫，引得角形蛛匆匆赶来。它见了那只蝗虫，非常满意，而我则因为刚才所获得的资料，比它更加开心。

第二天，我切断了电极线。然后，我放了两个猎物（一只蜻蜓和一只蝗虫）在那张大网上。蝗虫那带刺的长腿拼命地踢蹬着，而蜻蜓的翅膀则一直颤抖着。离蛛网很近的几片树叶，由于与蛛网框架的丝线连在一起，也跟着不停地摇动。这么大的动静就发生在离角形蛛非常近的地方，却没有引起它的注意，它根本就没有扭转身子探看一下发生了什么事情。报警线断了，角形蛛成了睁眼瞎，什么都不知道了。整整一天，它就这么待着，一动不动。晚上八点，它爬出隐蔽所重新织网时，才发现了这两只天赐猎物。

另外，我也想介绍一下圆网蛛的“洞房花烛夜”的情况。圆网蛛同其他昆虫一样，也要交配，也要繁衍子孙后代。不过，虽然这十分重要，可我也不想赘述，因为圆网蛛野性十足，它们神秘的一夜情很容易变成悲剧性的葬礼。

说实在的，我只见过一次蜘蛛交尾，这还得感谢我的胖邻居——角形蛛，是它给了我这次观察的机会，因为我经常去拜访它。事情的经过是这样的：八月的第一个星期中的某一天，晚上九点多，天气晴朗，炎热无风。我的这位胖邻居还没织网，一动不动地待在悬挂丝上。此刻本应是忙着干活儿的时候，它却如此悠闲自在，我很纳闷儿，觉得必定有什么事情发生。果不其然，我看到一只雄蜘蛛从附近的灌木丛中奔来，爬上了缆绳。来者是个侏儒，矮小瘦弱，却跑来向胖夫人献殷勤。这个小东西待在偏僻的角落里，怎么会知道这儿会有一只已达适婚年龄的雌蜘蛛呢？夜深人静，没有呼唤，没有信号，它们是怎么了解到的？大孔雀蛾是闻到神秘的气息，才从方圆几千米的地方飞到我的房间里来，拜访被我罩在玻璃罩下的雌大孔雀蛾的。今晚的这个小家伙也是个夜间“朝圣者”，它越过乱七八糟的树叶，准确无误地直奔那位走钢丝的女杂技演员。它具有可靠的指南针在为它指引方向，径直奔向雌蜘蛛。它在悬挂丝缆上小心翼翼地一步一步地向前爬着，爬到一定的距离，它却停了下来。它在犹豫不决？它还会靠得更近些吗？时机成熟了吗？不是的，只见雌蜘蛛举起了步足，来者便吓得连忙走下丝缆。过了一会儿，害怕的劲儿过去了，它又爬了上来，走得更近了些。它这么忐忑不安地来来回回地爬来爬去，正是热恋者的一种求爱的表示。

坚持就是胜利。现在，它俩面对面地停住了：胖夫人一动不动，表情严肃凝重，而侏儒则显得十分激动。它胆大包天，竟敢用脚尖去撩拨胖夫人。它做得真是太过分了，自己也被吓了一跳，顺着挂在安全带上的垂直线突然坠落下去。这都是顷刻之间发生的事情。现在，侏儒又爬了上来。它心里有数，对方对自己的一再恳求有所让步了。

雌蜘蛛在雄蜘蛛的挑逗下奇怪地跳开了，它用前跗节抓住一根丝，向后连翻了几个跟斗，如同体操运动员在单杠上向后翻滚一样。胖夫人这么一翻，大肚子的下部便呈现在侏儒的面前，后者便用触角触碰了一下。就这么一下，事情便宣告结束了。侏儒见目的已经达到，便匆匆地逃走，仿佛有复仇女神在它身后穷追不舍似的。

侏儒走了，新娘从悬挂丝缆上下来，织好网，准备捕猎。它必须吃点儿东西才会有丝，有丝才能织网捕猎，才能织出安家的茧。因此，在洞房花烛夜，尽管心情激动，新娘却无暇歇息。

迷宫蛛

诚然，圆网蛛是设置垂直陷阱的好手，是无可比拟的纺织娘。其他许多种类的蜘蛛则善于运用生物界首要的法则，即想办法填饱肚皮和繁衍后代。这类蜘蛛在这方面久负盛名，其中有一种名为蜢蛛，它仿效纳博讷狼蛛，住在洞穴里，但其洞穴远比咖里哥宇群落里粗俗的狼蛛洞穴要强得多。狼蛛只是在自己的洞口建起一个简陋的石井栏，而蜢蛛则在洞口安了一个活动的盖子，宛如一扇带铰链半糟边和插销装置的百叶窗。蜢蛛回到家中，盖子便落下来，卡在半糟边里，卡得严丝合缝，令人叫绝。一旦有来犯者执意要打开盖子，洞中的蜢蛛便会把门闩插上。也就是说，它把自己的小爪子插入与铰链相对的另一边的一个孔里，把身子紧紧地压在洞壁上，致使那扇门无法开启。

另一种知名的蜘蛛是银蛛，它用丝在水里为自己建造了一个潜水罩，以储存空气。依靠这种呼吸装置，它便能在阴凉的地方窥伺猎物了。可是，我生活的地方没有银蛛，所以无法对它的建筑技艺加以介绍。不过，我们这一带倒是常有深谙制造铰链门技术的蜢蛛出没。我在灌木林中的那条小径上见过它，但只见过一回。因为忙于其他方面的观察研究，我只是瞥了它一眼，见它溜走了，也就算了。

现在，我就用一些看似平凡、常见、易于追踪的蜘蛛来补偿这一缺憾吧。不过，话说回来，平凡普通并不等于无足轻重。通过观察，我们会发现，再不起眼的昆虫也是了不起的，值得我们大书一笔。我在这里想介绍的就是这种极其普通的迷宫蛛。

迷宫蛛并不藏身于牧场或幽静的树篱下，而是出没于光秃秃的荒野中，主要是高低起伏的丘陵地带和被樵夫砍得光秃无物的山坡上。它们喜欢栖息在荆棘丛中，比如岩蔷薇、薰衣草、不凋花和被羊群啃得又短又直的迷迭香丛里。

七月里，我每个星期都要到那种地方去观察几次迷宫蛛。我一般都是在早晨太阳还不太毒的时候带着孩子们一起去。他们眼睛尖，腿脚利索，眼明手快，对我帮助很大。很快，孩子们便发现了远处高高悬挂着一张丝网，闪闪发亮，像节日里的彩灯一样美丽。我们全都高兴极了。

经过半小时的阳光蒸晒，网上的珠光随着露珠的消失而消失了。这张蛛网张在一大簇岩蔷薇上，如手帕一般大小。蛛丝不仅仅固定在杂乱的荆棘丛中某一束突出的枝梢上，而且在荆棘丛中纵横交错地绕来绕去，把那簇荆棘罩住，给它蒙上一层密如细纹布的白色的网。网周围的每个支点都向外突出，支点间的距离各不相同，各支点之间是一个圆锥形的深坑，深约一拃，如同一个颈部逐渐变狭窄的漏斗，垂直地插在茂密的绿色植物中间。迷宫蛛就待在阴暗危险的管口处，看见我们也不惊慌。它浑身呈灰色，胸廓上有两条黑饰带，饰带正中央杂着微白或棕色的斑点。腹部末端有两个附属器官，会活动，如同尾巴，在蜘蛛家族中，这倒是不常见的。

这张火山口状的丝网各处编织方法不一样。丝网边缘较稀疏，往中间去渐渐地变成了轻柔的细纹布，接着又变成了绸缎，在最陡的地方则是粗棱形格状网，最后，在迷宫蛛经常待着的漏斗颈部变成了一种十分结实的塔夫绸[①]。

迷宫蛛织这张地毯织得十分用心。在它看来，这是它的工作台，每天夜晚，它都要到这儿来，走过地毯，监视它设下的陷阱。它还要用新丝把它扩大。它移动着自己的身体，把始终挂在纺丝器上的丝不停地拉出来。

---

① 塔夫绸：一种织丝细密、手感硬挺的高档丝织品。

它在这漏斗颈部走动得最多，地毯织得也最厚，而次厚实一些的地方当属火山口的斜坡，那儿也是它经常走动的地方。辐射丝均匀分布，对准洞口，靠尾部附属器官的晃动与配合加以导向，在辐射线上织出棱形网格。在其余不常走动的地方，地毯就显得很薄很薄了。

我们原以为会在插入荆棘丛的走廊尽头发现一个密室——一个分隔开来的小房间，供蜘蛛闲暇时休息用，可情况并非如此。漏斗颈部底端是开放的，那儿有一扇暗门始终敞开着，蜘蛛可以从那暗门穿出，经过草丛，到达野外。如果想要捉住它而又不被它伤害到，就必须了解这个住所的布局。当遇到正面攻击时，迷宫蛛就会向下跑，从底部的出口逃走。它逃跑的速度极快，待它钻入杂乱的荆棘丛中，再去寻觅它就十分困难了。要捉住它，就必须略施小计。

我发现它待在管口上。待到可以下手时，我便用手抓紧网的底部，也就是漏斗颈部往下延伸的地方。当发现自己的后路被切断，它自然就会一头钻进我为它准备的圆锥形纸袋里。如果它实在不愿就范，我就用一根麦秸秆伸进网里，刺激它几下，就可以把它逼进纸袋中。我正是用这一高招把一些神气活现的迷宫蛛毫发无损地抓住的。为了捕捉猎物，圆网蛛用的是它那厉害无比的黏性网，而荆棘丛中的迷宫蛛用的是它的迷宫，凶险程度绝不逊于圆网蛛的黏性网。

再观察一番这张网的上方，那简直就是绳索交织的密林，如同遇难船只上的缆索。丝线从树枝的每一根小细枝连到每根树枝的顶端，长短不一，有垂直线也有斜向线，有直线也有曲线。所有的线交织在一起，有密有疏，错综复杂，向上延伸大约一米。这是一个杂乱无章的乱绳套，一个谁也逃不出的迷宫，除非昆虫具有极强的弹跳力，或许可以逃过一劫。

这个迷宫与圆网蛛的黏网不同，它没有一点儿黏性，靠的是它的纵横交错、错综复杂。我把一只小蝗虫扔进了这座迷宫，只见它在晃动不停的蛛网上失去了平衡，拼命地挣扎着，反而把绊索踢蹬乱了，越踢蹬越弄不开。迷宫蛛躲在洞口窥伺着，不去理睬挣扎中的小蝗虫，它不想立即上前捕捉那个落入陷阱的可怜虫，它要等到被蝗虫弄得越抽越紧的丝绳把猎物给弹到网上来。

小蝗虫终于掉了下来，迷宫蛛一见，立刻爬了出来，向落网猎物扑去。它通常是从猎物的大腿根下嘴，也许是这个部位的肉质尤为鲜嫩的缘故。我观察了好几张蛛网，想看看迷宫蛛究竟吃些什么食物。我发现除了有双翅目昆虫和小蝴蝶外，还有像是并未动过似的蝗虫尸体。这些猎物全都少了前腿，起码少了一条前腿。在蛛网边缘的吊肉钩上，往往可以看到蝗虫类昆虫被掏空之后剩下的肚皮。

迷宫蛛一旦开始对猎物的大腿根下嘴，就死咬住不放，绝对不会松口。喝猎物的血，通过吮吸来汲取营养，吸干一处伤口之后，再换一个地方。在吮吸第二条腿的时候，它吸得更加来劲儿，使得猎物最后只剩下一个保持着原形的空壳了。但是，迷宫蛛与圆网蛛有所不同，它把猎物吸干榨尽之后，就把它撇在蛛网上，弃之而去，而不是再去把它的肉也吃个精光。饭吃得很长，但并无危险，因为在咬第一口时，毒液已经要了猎物的命。

迷宫蛛的网虽说像一件艺术品，但其结构却没有圆网蛛所编织的网那么对称。它只不过是个没有形状、无一定之规的捕猎器，编织时不讲究章法，比较随意。不过，话虽这么说，它毕竟还是有审美原则的，它的那个安着漂亮网纱的“火山口”就是一个证明，而那通常被视作母亲的杰作的卵袋将向我们充分地展示这一点。

产卵期临近时，迷宫蛛就要另换住处。它丢弃了它那不太结实的网，不再回去。它需要一个更好更合适的房屋。它的新房建在何处了？我花了好几个早晨，在小树丛中左寻右觅，四下探查，最终还是一无所获。后来，我终有所悟，便在原先的那张网周围几步远的范围内仔细搜索，在一片茂密的低矮植物丛中发现了它隐蔽的产卵窝巢。这种窝巢只是用枯树叶和丝线混合而成的一种袋子。这种并不雅致的袋子里，或者说套子里，有一个装着卵的细布袋。整个卵袋显得破破烂烂，因为它是从荆棘丛中取出来的，难免被撕扯得厉害。不过，也不能光凭外表就下断语，认为它一无是处。难道纺织方面的行家迷宫蛛，在编织婴儿的帐篷时就不知道讲究美观雅致吗？我想，这一定是荆棘丛的恶劣环境造成的。如果把它放在不受束缚的环境中，它会表现出自己的高超技艺。为了证明这一点，我进行了实验。

八月中旬，产卵期将至，我把十二只迷宫蛛分别放在装有沙土的罐子里，上面用金属网罩好。纱罩中央插了一根百里香小枝杈，供它们编织卵袋时做支撑物，当然四周的纱网也同样可以作为支撑物。罐内没再放其他任何东西，连一片枯树叶也没有，让迷宫蛛只能在我所设的支撑物上做卵袋外套。我每天提供一些肉质鲜嫩、个头儿不大的蝗虫，让它们尽情享用。

八月末，我终于获得了十只卵袋，形状优美，色泽雪白光鲜，简直是工整雅致的艺术品。这是一种用精致的白色细纹布编织成的半透明的袋子，迷宫蛛母亲将长期居住于此，监护其卵。卵袋约有一个鸡蛋那么大。小房间两头敞开；前面的洞口延伸成一个宽阔的长廊；后面的洞口变得细长，呈漏斗状。前面比较大的那一头显然是食品供应的门户，后面这个颈状漏斗的功能，我尚不得而知。我看见迷宫蛛不时地在前门停留，窥伺猎物。它通常在外面吃猎物，免得把自己的房间弄脏。

卵袋的结构与捕猎时期的住所也有相似之处。那个漏斗状的细长的后门厅，通向附近地面，作为紧急出口。前面的那个大厅，敞开成一个大的火山口，四面都绷着丝，让人想到以前用来捕猎的陷阱，老住所的特点在这里可见一斑。这儿甚至也是一座迷宫，只是规模很小很小。火山口的前面，丝线纵横交错，猎物一旦经过此处，必然会被捆住。

不过，这个纺织的殿堂只是个哨所，在柔和的乳白色丝墙后面，存放卵的“圣物盒”影影绰绰，外表布满模糊不清的法国荣誉骑士团勋章图案。那是一只宽大美观的微白色袋子，四周有闪光立柱把它固定在帷幔中央，与外层是隔离着的。立柱中间较细，上端膨胀成圆锥形的柱头，底端与上端形状相同。十二根立柱一一相对，中间形成了走廊；走廊与四面相通，连接房间周围的任何地方。迷宫蛛母亲在内院拱廊内认真仔细地巡视着，这儿停一会儿，那儿停片刻，长时间地把耳朵贴在卵袋上，听听袋内有何动静。我简直不忍心打扰这位尽心尽职的母亲的工作。

为了进行进一步的研究，我便开始观察从野外带回来的那些破破烂烂的卵巢。我观察到，卵袋是倒圆锥体，与圆网蛛的卵袋相似。其布料具有一定的柔韧性，我用镊子使劲儿拉才把它撕扯开来。卵袋中只有一团极细的白丝绵和卵，卵有一百多个，还比较大，直径约有一点五毫米。看上去，它就像一粒深黄色的琥珀珍珠。卵与卵互不粘连，当我把丝绒被揭开时，它们便会自由地滚动。我把卵都装进了玻璃试管中，以观察其孵化的情况。

不过，我还是想再说说迷宫蛛另辟新居的原因。原先的网很好，挂在高处，自投罗网者肯定不少，它为何弃之不用，非要不嫌麻烦地在僻静处另设新巢呢?

我想，个中原委也不难理解，旧居虽有诸多优点，猎物也会很多，但正因如此，敌人也不在少数。挂在高处很显眼的那个捕猎器暴露在绿色灌木上，是个标记，必然会招来别有用心者。有这个网指路，它们轻易就能发现迷宫蛛视为生命的宝贵袋子。万一来了只什么虫子，尽情享用破布袋中的卵，岂不让迷宫蛛断子绝孙了吗？到底是什么样的敌人让迷宫蛛这么担心，我因为没有资料，尚不得而知。我所知道的是，迷宫蛛母亲不仅要到偏僻难寻的地方去做巢产卵，而且比其他蜘蛛更有爱心，更加认真负责。所以它产卵时所采取的保护措施还得满足另一个条件，因而更加复杂。它像蟹蛛一样，并不是把卵产下就完事了，它还要守护自己产下的卵，直到它们孵化出来。但是，迷宫蛛又不像蟹蛛那样，产完卵后就不吃不喝，最后只剩下皮包骨了，等到孩子们出世离去，自己一命呜呼。迷宫蛛要聪明得多，它产完卵后，非但不会消瘦、干瘪，反而始终保持着丰满富态的样子，肚子微微有点儿鼓凸。它每天都准备着要捕杀猎物，胃口仍旧很好。因此，在它的新的居所用作护婴房的同时，还得另辟一个捕猎场所。

现在，让我们再回想一下我上面所描述的那只优美雅致的卵袋。卵袋两头延伸成门厅的球形哨所。卵袋悬于中央，十二根立柱把它与周围隔开，前厅似火山口，看似捕猎器，边上竖着一圈圈紧紧绷着的网，我透过这半透明的围墙可以看见迷宫蛛母亲正在忙着做家务。迷宫蛛母亲可以通过带拱顶的回廊走到星形卵袋的任何一处，它不知疲倦地来回巡视，时不时地停下脚步，慈爱地拍拍那只丝绸卵袋，听听这圣物盒里有何动静。我试着用麦秸晃动一下某个地方，它就会立即奔过来，看看究竟发生了什么事。

细心呵护、寸步不离的迷宫蛛母亲并未因此而废寝忘食，不吃不喝。我时不时地要向它提供几只蝗虫，放进它的罩子里，其中有一只刚好被大厅里的丝线缠住了。只见迷宫蛛母亲飞也似的奔了过来，咬住这个可怜虫，把它的大腿卸下，将其内脏掏空，至于其他没内脏可口的部位，根据它当时的胃口如何，或弃之不食，或多少吮吸上几口。它是在其哨所的外面进餐的，就在那道门槛上，而不是在住所里面。它的胃口如此之大，让蟹蛛难以望其项背。傻蟹蛛也是个尽心尽职的母亲，但却拒绝我为它提供的蜜蜂等猎物，宁肯忍饥挨饿，直至死亡。

迷宫蛛有必要这么大吃大喝吗？有必要，而且是无可厚非的。在开工建房之初，它就已经消耗了许多丝，也许把自己的所有库存消耗殆尽了。这两套住房——自己的和孩子的，可以说工程浩大，需要很多材料。不仅如此，在将近一个月的时间里，我还看见它对第二套住房不停地扩建，一层层地加大加厚房间与中间的那间小屋的墙壁，以至织出来的布由最初的透明罗纱变成了不透明的绸缎了。它似乎总认为围墙不够厚实，老是在不停地织呀织的。既然有这么大的消耗，它只能不停地进食，增加营养，以补充纺织时消耗的丝。

一个月之后，将近九月中旬，小蜘蛛孵化出来，但尚未离开那只袋子。它们要在那条软软的暖和的丝绵被里过冬。迷宫蛛母亲仍旧守护在一旁，继续不停地编织。但是，可以明显地看出，它有些心力交瘁，体力不支。它要隔好长一段时间才吃一只蝗虫，对我扔进罐子里的猎物并不那么兴奋了。这是它衰弱的征兆。它的工作节奏慢了下来，到了最后，终于不再纺织。

最后，时值十月末，它终于抓住孩子们酣睡的卧房，幸福地死了。它已尽到了一个母亲所能尽到的责任，小蜘蛛们未来的命运就看它们自己了。春天来临时，小蜘蛛们将从自己温暖的房间里出来，乘着被风吹走的丝飞行，飞向四面八方，并将在茂密的百里香丛中试着织出第一座迷宫。

燕子与麻雀

燕子与麻雀属于鸟类，而不是昆虫。在我所生活的这个地区，它们是最常见的鸟类。我想，在别的地方，它们想必也是最常见的鸟儿。它们与人朝夕相处。所以，我心血来潮，在观察研究昆虫的同时又想到了它们。每天，我睁开眼便会看见它们，听见它们叽叽喳喳的叫声。

在介绍昆虫的时候，我总是不吝笔墨地要讲述它们的窝巢。那么，燕子在哪儿搭窝筑巢呢？特别是在窗户和烟囱发明之前，燕子把自己的巢建于何处？在瓦屋顶和有窟窿的墙壁出现之前，麻雀会为它的家人选择什么地方作为栖息之处呢？

大卫王①早就说过，麻雀就这样在屋里孤孤单单地度过。从大卫王的时代起，每年盛夏到来时，麻雀就躲到屋檐瓦片下，悲悲切切地不停地叽叽喳喳。直到如今，它们依然如故，禀性难改。那时候的建筑与我们今天的建筑区别不大，起码对麻雀来说都同样舒适。所以说，麻雀早就以瓦片为栖息藏身之所了。但是，当巴勒斯坦人只是以驼毛来织布、做帐篷的时候，麻雀又会飞到何处去藏身呢？

---

① 大卫王（公元前11世纪—前10世纪）：古代以色列－犹太王国国王。传说，他是《圣经》部分诗篇的作者。

大诗人维吉尔向我们讲述了善良的艾万德[1]在其向导——两条高大的牧羊犬——的引导下，来到了他的主人埃涅阿斯[2]的身旁。维吉尔让我们看到大清早就被鸟儿的歌唱唤醒的艾万德：

陋室中的艾万德，听到鸟儿欢唱，他高兴地醒来了。

这些鸟儿从曙光初现时起就在拉丁姆[3]老国王的屋檐下叽叽喳喳，它们是什么鸟儿？据我所知，只有两种：燕子与麻雀。它们都是我的隐居所的报晓钟，而且十分准确。艾万德的宫殿没有一点儿奢华陈设，诗人维吉尔已经告诉了我们这一点。那是一间陋室、一张小熊皮和一堆叶子就是显赫的客人的睡榻。艾万德的卢浮宫只是一间比其他茅屋陋舍稍大一点儿的陋室，也许是由树干垒成的，也许是用芦苇秆儿、黏土和的泥盖的，屋顶也就是用一些茅草覆盖着而已。居住条件虽然十分简陋、寒碜、原始，燕子和麻雀却并不嫌弃，仍旧在此筑巢搭窝，起码诗人维吉尔为我们证实了这一点。但是，它们在以人类居所为栖息处之前又住在何处呢？

麻雀、燕子以及其他动物在筑巢时，不可能依赖人类的建筑工艺，每一种动物都应该具备一门生命攸关的建筑技艺，以便最大限度地充分利用可使用的场地。

麻雀首先告诉了我们，在尚未有屋顶和墙壁的年代它是如何搭窝建巢的。它利用树洞作为栖息之所。因为树洞较高，可以避开不速之客的骚扰，而且树洞洞口狭窄，雨水打不进来，洞中别有一番天地，宽敞得很，因此，即使后来有了屋檐和旧墙，它仍旧对树洞情有独钟。中空的大树因而成为麻雀在利用艾万德的陋室和大卫建在丝隆[4]岩石上的城堡之前的第一宅第。

更令人惊叹的是它筑巢时使用的材料。它的那张床垫可谓形状怪异，由一堆乱七八糟的羽毛、绒毛、破棉絮、麦秸等组成，因此需要有一个固

---

① 艾万德：古罗马传说中的英雄，是众神使者墨丘利与一位村中仙子之子。维吉尔在《埃涅阿斯纪》中将他写成埃涅阿斯的盟友。

② 埃涅阿斯：古罗马起源传说中的特洛伊王子，古罗马缔造者的祖先。维吉尔的长篇史诗《埃涅阿斯纪》即以其为原型。

③ 拉丁姆：古地区名，为古罗马国家的发源地。拉丁姆在今意大利中西部的拉齐奥区。

④ 丝隆：耶路撒冷的一座山丘名，通常用来指耶路撒冷。

定而又平展的支撑物来支撑。这种困难对麻雀来说，简直是小事一桩，它会想出一个大胆的方案来：它打算在树梢上仅用三四根小枝丫作为依托，搭窝建巢。它的这个窝巢悬于半空中，摇摇晃晃的，要想让它不掉下来，可得具有高超的建筑技艺呀！它必须掌握编织技艺中的整经工[①]、篾匠[②]和织布工的绝技。它成功了，它所搭建的窝巢很牢固，不会掉落下来。

它在几根枝丫的树杈间把所能找到的东西——碎布头、碎纸片、绒线头、羊毛絮、麦秸、干草根、枯树叶、干树皮、水果皮等——全都聚拢在一起，做成一个很大的空心球，上面有一个小小的出入口。这个球形窝体积庞大，因为它的穹形窝顶需要有足够的厚度来抵御雨水。这个窝布置得很乱，没有一定之规，没有艺术性，但非常结实，能够经受得住一季的风吹雨打。如果找不到合适的树洞，麻雀就只好不辞劳苦地一点儿一点儿地搭建自己的窝巢。

我家屋前有两棵高大的梧桐树，住所被浓荫遮蔽，树枝垂及屋顶。整个夏季，麻雀都在这儿栖息，繁衍生息。梧桐树交相掩映的碧绿枝叶，是麻雀飞出其家屋的第一站。小麻雀在能够飞翔觅食之前总是在这第一站叽叽喳喳地叫个不停；吃得肚子滚圆的大麻雀从田间回来也先在此歇息；成年麻雀经常在这儿开碰头会，照管家中刚刚出巢的小麻雀；它们一边训诫不听话的孩子，一边鼓励胆怯的孩子；麻雀夫妇常在这儿吵嘴；还有一些麻雀常在此议论白天所发生的事情。从清晨一直到傍晚，它们络绎不绝地在梧桐树和屋顶之间飞来飞去。然而，十二年中，我仅见过一次麻雀在树枝间搭窝。我见到一对麻雀夫妇忙碌着，在一棵梧桐树上辛辛苦苦地搭建空中巢穴。但是，它们好像对自己的劳动成果并不满意，因为第二年我没看见它们再搭窝。瓦屋顶提供的庇护所既牢固又省力，何须再费心劳神地去搭建什么空中楼阁呢？看来，麻雀们更加偏爱这种省时省力而又牢固的屋檐下的窝巢。

---

① 整经工：将一定根数的经纱按规定的长度和宽度平行卷绕在经轴或织轴上的工作人员。经过整经的经纱供浆纱和穿经之用。

② 篾匠：将完整的竹子劈成各种各样的竹片供编织的人。

对麻雀搭窝的原始艺术我们已有所了解。现在，我们再来看看燕子的情况。经常光临我家的燕子有两种：窗燕（城里的燕子）和烟囱燕（乡间的燕子）。这个名字不知是什么人发明的，简直俗不可耐，而且也很不准确。难道只有城里人家里才有窗子？只有乡下人家才有烟囱？怎么可以用窗子或烟囱来区别城里的燕子和乡间的燕子呢？因此，为了符合我所在地区燕子的习性，我把前一种燕子称为“墙燕”，后一种燕子称为“家燕”。这两种燕子所搭建的窝巢的外形有明显的区别。墙燕的窝巢呈球形，只留出一个狭窄的小洞作为出入口；家燕则将自己的窝巢筑成一个敞口杯状。

关于筑巢的地方，墙燕因不像家燕那样亲近人，所以从不选择住宅的内部。它喜欢把自己的窝巢搭建在户外，因为支撑物很高，可以避免受到不速之客的骚扰。与此同时，这个窝巢又必须能避免被雨水打湿，因为它的泥巢与长腹蜂的巢穴一样怕潮湿。因此，它更喜欢在屋檐下和建筑物的突饰底下搭窝建巢。每年春天，墙燕都会来我家拜访。它们喜欢我家房屋，因为屋子房檐向前伸出有几排砖那么宽，屋檐拱曲成半圆形。所以，大家可以看到，我家屋檐下有一长串排列成半圆形的燕子窝，屋顶突出的砖石为它们遮挡住了风雨，朝南的一面又可以接受阳光的沐浴。这一长串燕子窝既整洁又安全，形状全都相同，唯一的缺憾是燕子不知选择哪个隐蔽所栖息为好。

除了我家屋檐以外，就只有教堂那气派的建筑物的突饰底下是它们的隐蔽之所了，我在其他地方再没见到有燕子窝。

另外，陡峭的岩壁就是天然的一堵墙壁。燕子如果发现岩壁上有一些凌空突出的岩石，可以遮风避雨，它们肯定会在那儿筑巢搭窝的，因为那儿与我家屋檐几乎功能相同。鸟类学家知道，在深山老林、人烟稀少的地方，墙燕会在山岩峭壁上筑巢搭窝的，条件就是它的球形泥巢能在凸岩下保持干燥，不会受潮。

我家前面不远处，就是吉贡达斯山脉，其形态是我见过的最奇特的。山峦连绵、陡峭、倾斜，人在山顶上连站都站不住。它只有一面坡度较缓，也得手足并用才可攀上去。其中有一处陡峭悬崖，下面有一个裸露着的宽大岩石平台，如同巨人族泰坦的城墙。平台上是陡直的山脊，如锯齿一般。

有一天，我跑到这块巨石底部采集植物标本。突然间，我猛地抬头，发现裸露的石壁前有一大群鸟在盘旋。我仔细一看，竟然是墙燕。它们腹部白白的，平静地飞来飞去。岩石上附着球形的窝巢。我对自己的新发现感到十分欣喜，因为我终于从书本以外的地方了解到，如果没有建筑物的突饰和屋檐可供栖息，墙燕会在凸出的岩石壁上筑巢。由此可见，在人类建筑诞生之前，燕子就已经会筑巢搭窝了。

家燕则比墙燕更加信赖热情好客的人类。另外，也许是怕冷的缘故，它们往往要把自己的窝巢筑于住宅的房屋内。在迫不得已的情况之下，窗洞和阳台也可凑合当作筑巢地点，不过，它们喜欢库房、谷仓、马厩和废弃的屋子。它们喜欢与人类共居一处，它们与长腹蜂一样，不害怕占据人类的地盘。它们在农家厨房里安营扎寨，在被农家烟火熏黑的搁栅上搭窝；它们甚至比有些昆虫更具有冒险精神，斗胆地把主人家的客厅、卧室、储藏室，以及一切像模像样、进出方便的处所都变成了自己的家。

为了防止它们肆无忌惮地侵占我的家园，每年春天我都要自觉自愿地把我家的库房、地下室的门廊、犬舍、柴房，以及其他一些零散小屋拱手献给它们。有时，它们竟然贪心不足，连我的书房也要侵占。有时候，我连窗户都不敢打开，因为它们会把窝筑在窗帘的金属杆上以及窗子的窗扇边上。有一次，因为窗户开着，它们就飞来筑巢了。当它们铺好第一块草垫时，我毫不客气地把它掀掉了。我是想告诉它们，把窝筑在窗扇上是十分危险的，因为窗扇经常开开关关，会把它们的窝碾坏，窝里的雏燕会被碾死。但是，它们根本不听我的劝告，一意孤行，我只好整天地关着窗子，不让它们飞进来。

有一次，我因为掉以轻心，让它们乘虚而入了。它们竟然把窝筑在天花板与墙形成的一个角落里，就在天花板的石膏线上。燕子窝下面正对我的大理石托架，架子上放着我经常需要查阅的书籍。我担心燕子窝里有污物掉落，弄脏书籍，便把托架上的书挪开了。在雏燕孵出之前，大家倒也相安无事；但是，等雏燕孵出之后，事情就来了。它们的肚子像无底洞，食物穿肠而过，很快就被消化、分解。孵化出来的一共六只雏燕，它们一个劲儿地、几乎片刻不停地排泄，粪便似雨点般飞掉到托架上，简直令人难以忍受。幸亏我有先见之明，把书都移到别处去了，否则，这些书就没法查阅了。我又洗又擦，但鸟粪味仍弥漫在整个书房中。另外，书房门窗晚间通常都是关着的，而雄燕晚上在屋外过夜。等到雏燕们渐渐长大一些，雌燕也睡到屋外去了。这么一来，每天清晨，天刚破晓，等在窗口的燕子夫妇因进不了屋，见不着儿女，十分伤心。为了不让这对夫妇如此伤心，我只好强打起精神，揉着眼睛披上衣服，进书房开窗，放它们进屋探看儿女。

我们不难看出，这种窝巢似半口杯形的燕子完全可以称为“家养的”，可以称为“家燕”。也就是说，它们是栖息在我们室内的。这么一来，我不禁又要提出，如对麻雀与墙燕所产生的疑问一样的问题了：在入居屋宇之前，它们又是在哪儿栖息的呢？据我孤陋寡闻之见，它们除了以我们的住所为隐蔽所以外，似乎没有在其他地方筑过窝巢。我查阅过一些书籍，但是都没有得到有关这一问题的答案。没有一本书提到除了平民百姓的住所以外，燕子曾在这些中世纪领主的小城堡中栖息繁衍过。是不是燕子与人类相处融洽，而且相处日久，在民众住所寻找到了安逸舒适，忘了自己的古老习惯了？我并不相信，因为我觉得，动物习俗一旦养成就不会被遗忘，到了必要的时候，它就会记起来的。现在，在一些地方仍然有一些燕子并不依赖人类，而是独立自主地在生活着，如它们处于原始时代一样。对于燕子来说，归根结底，我们的住所意味着什么呢？意味着可以抵御风雨严寒，尤其是可以使其泥巢不受雨水浇淋。天然的岩洞、洞穴和岩石崩塌所形成的坑洞，都可以成为它们的栖息之所，顶多脏一点儿，舒适程度差一点儿，但毕竟还是可以栖身的。毫无疑问，在人类居所尚未出现时，它们就是在上述那些地方隐居的。与毛象①和驯鹿同属一个时期的人类，过的也曾是岩石下的穴居生活，人类与燕子的亲密关系也许就始于那个时期。后来，渐渐地，茅屋代替了洞穴，简陋的小屋又代替了茅屋，最后，瓦宇房舍又代替了茅屋陋舍，而鸟儿的筑巢地点也同样随之发生了变化，逐步地升级换代。最后，燕子跟随着人类迁入了十分舒适的屋宇。

---

① 毛象：又名长毛象、猛犸象，在大约公元前180万年至公元前1万年广泛生活在欧亚大陆北部，后陆续灭绝。毛象是在陆地上生存过的最大的哺乳动物之一。它们的灭绝被视作一个冰川时代结束的标志。

日积月累

1. 还有一些人在指责我，说我用词欠妥，不够严谨，说穿了，就是缺少书卷气，没有学究味儿。他们担心，一部作品让读者读起来容易，不费脑子，那么，该作品就没能表达出真理来。照他们的说法，只有写得晦涩难懂、让人摸不着头脑，那作品才是思想深刻的。

2. 他写的东西没有丝毫言之无物的套话，没有丝毫不懂装懂、不求甚解的胡诌瞎扯，有的只是准确无误地记录下来的、观察到的真实情况，既未胡乱添加，也未挂一漏万。

3. 黄莺在丁香树丛中筑巢搭窝；翠鸟在柏树繁茂的枝叶间落户安家；麻雀把碎布和稻草麦秆衔到屋瓦下；南方的金丝雀在它们建在梧桐树梢的没有半个黄杏大的小安乐窝里鸣叫；红角鸮习惯了这儿的环境，晚间飞来唱它那单调歌曲，声似笛音；被人称为雅典娜鸟的猫头鹰也飞临此地，发出刺耳的咕咕声。

4. 生物的诞生方式多种多样，有比蝗虫的诞生更让人惊叹不已的，但是，那都是在不知不觉中进行的，被时间这巨大的帷幕遮盖住了。如果我们不具备持之以恒的精神，那神秘缓慢的进程就不会让我们看到最激动人心的场面。

5. 它居无定所，一片枯叶、一片砖瓦足可以遮风避雨，犹如不考虑何处歇足的流浪民族。

6. 地上的蟋蟀虽歌声单调，缺乏艺术修养，但其纯朴的声音与万象更新时的质朴欢快又是多么和谐呀！那是万物复苏的赞歌，是萌芽的种子和嫩绿的小草能听懂的歌。

7. 只要不爆发交尾期间本能的争斗，蟋蟀们便会和平相处。在求欢者之间，打斗是家常便饭，而且互不相让，结局倒并不严重。两个情敌相互头顶着头，互相咬脑袋，但它们的脑壳是一顶坚硬的头盔，能够顶住对方铁钳的夹掐，只见它俩你顶我拱，扭在一起，然后复又挺立，随即各自离去。

8. 求爱无果。雌蟋蟀跑到一片生菜叶下躲藏起来。但是，它还是微微撩起门帘偷看，而且想被那只雄蟋蟀看见。

9. 生命是一种严肃的东西，不能因遇到点儿艰难困苦就心烦意乱，轻易地就把生命抛弃。我们不应把生命视为一种享乐、一种磨难，而是应该把它视为一种义务，一种只要一息尚存就必须全力以赴地去尽的义务。

10. 当伪劣的科学在高谈阔论，在拼命让我们相信一只可怜的昆虫会耍花招装死的时候，我们要求这种科学应更贴近事物本身去进行观察研究，切莫把昆虫因恐惧而引发的昏厥状态误认为是装出的自己根本并不知晓的状态。